중력이라는 아름다움

중력이라는 아름다움

중력의 의미를 탐구하는
새로운 지적 탐험

The Beauty
of Falling

클라우디아 드 람 지음
Claudia de Rham

김성훈
옮김

일러두기

본문에 표시된 각주 번호는 참고 문헌 번호이며, 원주는 *로 표기했습니다.

내 작은 트롤들에게 바칩니다.

차례

7장 중력에 이끌리는 삶

서문

중력을 찾아서

중력. 모든 언어와 문화에 존재하는 너무나 익숙한 개념이지만 과학자들은 수천 년 동안 이를 이해하기 위해 고군분투해왔다. 중력은 우주universe의 모든 곳과 모든 것을 영원히 연결하는 거대한 기적 같은 힘이다. 어떤 의미로 보아도 보편적인universal 힘이라 할 수 있다. 우리 인간은 우리를 지구 위에 단단히 붙들어 매는 숨은 힘, 지구가 태양 주위를 공전하는 이유, 또는 우리은하Milky Way와 수천억 개의 항성을 만들어준 상호작용 정도로 중력을 생각할지도 모른다. 하지만 이것으로는 중력의 진정한 중요성을 파악하기 힘들다. 중력은 우주 자체가 존재하고 진화할 수 있는 이유다. 중력은 단순한 배경 요소에 불과했던 시간과 공간을 현실이라는 드라마의 주연배우로 끌어올린다. 우리는 중력을 인정하고 받아들이면서도 그에 저항하려는 본능을 숨기지 못한다. 그래서 뛰고 떠오르고 날아다닌다. 잠시나마 중력의 손아귀에서 벗어난 자유의 순간을 추구한다. 나도 앞서 이 길을 걸은 수많은 과학자처럼 중력의 심오한 비밀을 밝히기 위해 평생 중력을 좇으며 살아왔다.

　작은 단발 엔진 항공기 조종석에 홀로 앉아 항공 교통관제소에서 신호가 떨어지기를 기다리며 유도로에서 차분히 대기하고 있다고 상상해보자. '이륙 허가'라는 한마디가 마법의 암호처럼 울려 퍼지며 일련의 사건들이 정교하게 일어난다. 그 과정을 거치면 120년 전까지만 해도 불가능했던 일을 성취하게 된다. 1톤짜리 물체를 허공에 띄워 올리는 것이다. 활주로를 따라 질주하며 수평으로 시속 100~200킬로미터로 가속할수록 몸은 운전석 깊숙이 눌린다. 역설적이게도 수직으로 작용하는 중력을 극복하고 하늘로 떠오르는 힘을 만들어내는 것이 바로 수평으로 작용하는 이 속도가 비행기 날개 아래쪽에서 형성하는 압력이다. 순항 고도까지 올라가는 동안에는 약간의 난기류에도 작은 비행기가 흔들린다. 잠시 거대한 장난꾸러기의 손아귀에 잡힌 눈덩이 속에 갇힌 듯한 기분이 든다. 하지만 곧 방향타를 살짝 조정하거나 트림trim(항공기의 자세를 자동으로 안정화시켜 조종사가 조종간에 가하는 힘을 줄여주는 장치―옮긴이)을 부드럽게 밀거나 에일러론aileron(항공기 날개 끝에 있는 조종면으로 항공기를 세로축 기준으로 기울여 롤 동작을 제어한다―옮긴이)을 살짝 틀어주기만 하면, 위로 밀어올리는 압력과 아래로 잡아당기는 중력 사이에서 균형을 잡으며 공기의 흐름을 타고 우아하게 비행할 수 있다.

구름 위로 날아오르는 게 취향이 아니라면 수심 수십 미터의 푸른 바다 속으로 들어가 산호초에서 수많은 물고기와 함께 뒤섞여 어울리는 모습을 상상해보자. 이 수중 세계를 바라보고 있노라면 그 고요함 속으로 빠져든다. 산호초에서 뽀글거리며 들려오는 활기 넘치는 소리 그리고 공기탱크에서 천천히 숨을 들이마시고 내쉴 때 물 위로 솟아오르는 작은 거품 소리만이 그 고요를 깨뜨린다. 이렇게 숨을 쉴 때마다 당신의 몸은 몇 센티미터씩 위아래로 까딱거릴 것이다. 당신 위에 자리 잡은 물기둥의 무게가 당신 몸속의 모든 세포를 내리누르고 있지만, 폐 속으로 들어온 공기가 그 무게를 이기고 당신의 몸을 떠올리려 하기 때문이다.

중력을 거부할 수 있는 가장 흥미진진한 두 가지 방법은 허공에서 높이 나는 것과 깊은 바다로 잠수하는 것이다. 적어도 지구 위에서는 그렇다. 하지만 무게가 사라지는 궁극의 느낌을 얻으려면 우주 공간에 떠 있는 것만 한 것이 없다. 그곳에서는 중력의 손아귀에서 완전히 탈출한 느낌을 받는다. 자유로워진 느낌이 더 이상 착각이 아니다. 그곳에는 잡아당기는 끈도, 상쇄해야 할 압력도 존재하지 않는다. 궤도 위에서 지구를 관찰하면 자유낙하라는 절대적인 자유를 음미할 수 있다. 자유낙하는 중력에 대한 이해에서 머릿속에 깊이 각인되어 있는 개념이지만 여전히 극히 소수만이 그 기회를 누릴 수 있다.

나는 살면서 하늘을 나는 즐거움도 느껴보고, 잠수도 해보고, 우주 공간 코앞까지 가보기도 했다. 하지만 첨단 비행기, 잠수 장비,

우주왕복선 같은 것이 없어도 얼마든지 중력을 실험해볼 수 있다. 사실 단순히 공을 떨어뜨리고, 해먹에 누워 몸을 흔들고, 물수제비를 뜨는 등의 단순한 행동만으로도 우리는 모두 개인적으로 중력 실험을 하면서 이 보편적이지만 신비로운 현상에 대해 나름의 결론을 이끌어내는 과학자가 된다.

그렇다면 이런 순간에 대체 어떤 일이 벌어지고 있는 것일까? 중력이란 무얼까? 뭐 이런 순진한 질문을 하나 싶겠지만 그 해답은 항상 난해한 물리학 법칙 뒤에 숨어 있는 것처럼 보인다. 물리 현상들은 아르키메데스의 원리, 뉴턴의 역제곱 법칙, 베르누이의 원리Bernoulli's principle(유체의 속도가 증가하면 그 유체가 점유하고 있는 공간의 압력이 낮아지는 현상—옮긴이)처럼 이해하기 힘든 근본 법칙으로 묘사되는 경우가 많다. 자연은 묻지도 따지지도 말고 이런 법칙을 엄격히 따라야 한다. 물론 이런 법칙들은 세상을 이해하고 현실의 구조를 파악할 때 핵심적인 부분이다. 이런 법칙을 통해 배가 어째서 부력으로 물에 뜨는지, 어떻게 새와 비행기가 날개 아래쪽 공기의 움직임에서 생기는 압력의 차이를 이용해 하늘로 날아오르는지 이해할 수 있다. 이런 법칙을 이용해 우리는 인간을 달에 보낼 수 있었다. 하지만 이런 법칙을 돌에 새겨진 만고불변의 존재로 묘사한다면 그것은 과학의 역사를 왜곡하는 것이다. 이런 법칙에 대한 이해와 해석, 즉 그 의미와 기원 그리고 그 이면에 숨겨진 내용은 결코 고정 불변의 것이 아니며, 계속해서 우리 앞에 새롭게 펼쳐지고 있다.

갈릴레오 갈릴레이Galileo Galilei, 요하네스 케플러Johannes Kepler, 아이작 뉴턴Isaac Newton, 알베르트 아인슈타인Albert Einstein, 스티븐 호킹 Stephen Hawking, 로저 펜로즈Roger Penrose, 앤드리아 게즈Andrea Ghez 그리고 수많은 똑똑한 과학자들 모두 우리가 중력을 새로운 관점에서 이해할 수 있게 도왔지만, 중력을 이해하기 위한 여정은 아직도 갈 길이 멀다. 이 책을 나와 함께 중력의 의미를 탐구하고, 그것이 실재하는 구조와 어떻게 연결되는지 파악하는 여정으로 생각해주기 바란다. 다행히 대부분의 여정에서 이 모험을 혼자 감당할 필요는 없다. 지난 몇 세기 동안 거쳐 간 위대한 과학자들이 길잡이가 되어줄 것이다. 적어도 지도의 끝자락에 다다를 때까지는 말이다. 그 끝에서는 아무도 가보지 않은 미지의 영역으로 몇 걸음 내디뎌야 할 순간이 올 것이다. 하지만 우리의 여정은 잘 알려진 영역에서 믿음직한 동반자들과 함께 시작될 것이다.

갈릴레오, 케플러, 뉴턴은 중력이 질량에 상관없이 세상 만물에 동일하게 작용하며, 모든 것을 똑같은 방식으로 가속하는 보편적 힘이 분명함을 깨달음으로써 이 퍼즐의 중요한 첫째 조각을 제공했다. 이러한 통찰은 '자유롭게 된다'는 것의 의미에 대한 새로운 관점이 있었기에 가능했다. 이 관점으로 인해 수 세기 동안 이어져 온 아리스토텔레스의 도그마가 폐기되고, 관성의 개념이 근본적으로 변화했다.

이 관점은 1632년에 이탈리아의 천문학자이자 물리학자인 갈릴레오 갈릴레이가 《두 주요 세계 체계에 관한 대화Dialogo sopra i due massimi sistemi del mondo》를 발표하면서 세상의 빛을 보게 됐다. 이 책에서 갈릴레오는 새로운 코페르니쿠스 혁명을 옹호했다. 이 혁명은 지구가 태양계 안에서 특별한 위치를 차지하고 있음을 부정하는 데서 그치지 않고 자연의 법칙과 관련해서 어느 사람이나 어느 사물이 특권적인 지위를 가질 수 있다는 개념을 부정했다.

이것을 논증하기 위해 갈릴레오는 움직이는 배의 갑판 아래 선실에 갇혀 있는 항해사의 눈으로 세상을 바라보았다. 바깥세상을 볼 수 없는 항해사의 유일한 낙은 선실에서 날아다니는 작은 파리와 나비의 움직임을 지켜보는 것이었다. 갈릴레오는 이 항해사가 날아다니는 이 작은 곤충들만 관찰해서는 배가 정지해 있는지, 일정한 속도로 움직이는지 구분할 수 없다는 사실을 깨달았다. 왜 그럴까? 배가 일정한 속도로 움직이고 있다면 배 위에 있는 모든 것도 그와 같은 일정한 속도로 움직일 것이고, 파리와 새가 날아다니고 있는 공기도 예외가 아니기 때문이다. 갑판 아래 갇혀 있는 항해사는 날아다니는 생명체의 움직임을 선실 내부를 기준으로 삼아 상대적으로만 관찰할 수 있다. 갈릴레오는 상대적 운동의 중요성을 잘 보여주는 이 사고실험을 이용해서 지구가 회전을 해도 우리가 그것을 느낄 수 없는 이유를 설명했다. 거기서 더 나아가 정지한 배의 선실과 일정한 속도로 움직이는 배의 선실의 차이를 구분할 수 없다면, 속도와 상관없이 일정한 속도로 움직이는 모든 관찰자에게 물리법칙이 동일하게 작용해야 함을 추론할 수 있다.

바로 이 '갈릴레이 상대성Galilean relativity'의 개념, 즉 자연의 법칙은 그것을 기술하는 사람이 누구든 상관없이 동일하다는 깨달음이 뉴턴의 운동 제1법칙에 새겨져 있다. 뉴턴의 운동 제1법칙에 따르면 외부의 힘이 작용해서 현재의 상태를 바꾸도록 강요하지 않는 한, 모든 물체는 정지해 있거나 균일한 속도로 직선 운동을 한다.* 뉴턴은 자유롭다는 것은 방해받지 않고 동일한 속도로 균일하게 자신의 여정을 계속 이어갈 수 있는 특권이라고 이해했다. 케플러의 행성 운동 법칙을 기반으로 나온 이 통찰은 결국 1687년 뉴턴의 만유인력의 법칙law of universal gravitation(혹은 뉴턴의 역제곱 법칙Newton's inverse square law)으로 이어졌다. 이 법칙에 따르면 중력은 임의의 두 유질량 입자(질량이 있는 입자) 사이에 작용하는 보편적이고 즉각적인 힘이며, 그 강도는 두 입자 사이 거리의 제곱에 반비례한다.

우리가 배운 바와 같이 뉴턴의 법칙은 떨어뜨린 물체가 가차 없이 지구의 질량 중심 쪽으로 이끌려 간다는 사실을 설명한다. 중력의 보편적 성질은 이런 단순한 현상을 훨씬 넘어선다. 중력은 물체의 종류와 거리에 상관없이 모든 물체, 모든 사람에게 작용한다. 1798년, 헨리 캐번디시Henry Cavendish는 처음으로 이것을 실험실에서

---

* 이 새로운 개념이 물체는 속도를 늦추어 절대 정지 상태로 돌아가려는 욕망이 있다는 아리스토텔레스의 관성 개념을 대체했다. 속도를 유지하기 위해서는 힘이 필요하다고 생각했던 아리스토텔레스와 달리 뉴턴은 힘이 가속, 즉 속도의 변화로 이어진다는 것을 깨달았다. 일상생활에서는 공기와 지면 사이의 마찰력이 힘으로 작용해서 속도를 자연적으로 늦춘다(감속 혹은 음의 가속). 하지만 공기나 마찰력이 존재하지 않는 우주 공간에서는 물체가 자유롭기 때문에 일정한 속도를 유지한다.

중력이라는 아름다움

공식적으로 실험해보았다. 그리고 발견되고 300년이 넘는 시간 동안 뉴턴의 역제곱 법칙은 머리카락 두께의 10분의 1도 안 되는 짧은 거리에서 수십억 킬로미터 떨어진 먼 거리에 이르기까지 모든 척도에서 흠잡을 데 없는 수준으로 정확하게 검증됐다. 사실 뉴턴의 보편 중력의 법칙은 너무 근본적인 것이어서 암흑물질dark matter의 중력 붕괴에서부터 은하단의 형성, 태양계의 탄생에 이르기까지, 중력이 우주 진화의 대부분을 지배해온 과정을 예측하는 데 아직까지도 사용되고 있다.

수 세기가 지나고 난 후에야 관찰 증거를 통해 뉴턴의 중력 법칙에 희미한 의심이 드리우기 시작했다. 하지만 돌이켜 생각해보면 두 물체 사이에서 중력이 즉각적으로 작용한다는 개념에 처음부터 경각심을 느꼈어야 옳았다. 뉴턴의 단순한 법칙에 따르면 두 입자가 갑자기 나타났을 경우 그 둘 사이에는 조금의 시간도 지체하지 않고 서로를 향해 인력, 즉 이끌림이 작용했을 것이다. 하지만 당신이 이끌림에 대해 어떻게 생각하든 우리는 이 현상이 즉각적일 수 없다는 것을 알고 있다. 제아무리 첫눈에 반한 사랑이라도 그런 이끌림이 일어나기 위해서는 상대방을 먼저 '보아야' 한다. 즉, 말로 하는 것은 아닐지언정 서로 '소통'이 있어야 하는 것이다. 뉴턴 자신도 리처드 벤틀리Richard Bentley에게 보낸 편지에서 즉각적으로 작용하는 법칙이라는 개념에 대해 불편한 마음을 내비쳤다. "무생물인 물질이 (비물질적인 다른 매개체의 중재도 없이) 서로 간의 접촉도 없이 다른 물질에 작용하고 영향을 미친다는 것은 상상하기 어렵습니다. 에피쿠로스Epicurus(고대 그리스의 철학자로 자연 현상을 신화나 신의 개입 없이 물질의 내재적인 성질만으로 설명하려 했다—옮긴이) 식으로 생각해서, 중력이 본질적으로 물질 안에 내재하는 것이라면 반드시 그래야 할 테지만 말입니다. 그래서 제가 중력이 물질의 [본질적] 속성이라 주장했다고 생각하지 말아주십사 하는 것입니다."[1]

우리의 여정은 두 세기 후 미국의 과학자 앨버트 마이컬슨Albert Michelson과 에드워드 몰리Edward Morley가 그 유명한 '실패한 실험'의 연구 결과를 발표하며 새로운 과학혁명의 서막을 연 시점부터 시작한다. 그 후로 얼마 지나지 않아 아인슈타인이 중력을 이해하기 위해 새로운 상대성 개념을 도입했다. 그는 먼저 갈릴레오의 운동학을 대신하는 특수상대성의 개념을 제시했고, 이어서 우리가 오늘날 이해하고 있는 중력 개념을 담고 있는 일반상대성이론을 발표했다. 이 이론들의 안내를 받아 우리는 완전히 새로운 물리학의 구조를 발견하고, 우주에 대해 새로이 이해하게 될 것이다. 이 새로운 우주에서 중력은 시공간을 무대로 작용하는 힘이 아니라, 서로 얽히고 통합된 시공간의 구조 그 자체가 된다.

이제는 아인슈타인이 돌파구를 마련한 지도 한 세기가 넘게 지났고, 일반상대성이론은 그 어느 때보다도 막강한 이론으로 자리 잡았다. 중력은 가장 극단적인 환경을 비롯해 다양한 상황에서 철저하게 검증이 이루어졌고, 거기서 나온 증거들은 어김없이 아인슈타인의 예측과 일치했다. 중력파gravitational wave 덕분에 중력에 내재된 근본적인 힘도 감지됐다. 그리고 그와 동시에 원자물리학, 핵물리학, 입자물리학, 양자화학 그리고 전자 및 컴퓨터 시대의 수많은 기술적 발전을 통해 우리 세상의 양자적 본성에 대해서도 훨씬 많이 알게 됐다. 이런 발전과 함께 우리가 살고 있는 세상을 이해하려 애쓰는 과정에서 새로운 아이디어와 이론이 계속해서 머리를 내밀고 있다. 하지만 새로운 물리학이 분명 필요한데도 지금까지 그 누구도 아인슈타인의 일반상대성이론을 능가하는 이론을 내놓지 못하고 있다. 새로운 물리학이 필요한 이유는 처음부터 일반상대성이론에서 한 가지를 분명하게 밝히고 있기 때문이다. 바로 일반상대성이론이 반드시 실패할 수밖에 없는 지점이 존재한다는 사실이다. 그 지점에서 우리는 완전히 새로운 물리학이 등장할 날을 기다리고 있다. 이 실패 지점으로부터 훨씬 깊은 수준에서 자연을 탐구하고 이해할 기회가 열릴 것이다.

여정을 이어가는 동안 우리는 좀 더 현대적인 관점에서는 중력을 기본입자fundamental particle, 즉 중력자graviton의 발현으로 생각할 수 있다는 것을 알게 될 것이다. 전자기 현상이 빛의 기본입자인 광자photon의 발현인 것처럼 말이다. 시간과 공간을 가로지르는 전자기파electromagnetic wave를 빛으로 '볼' 수 있는 것처럼, 이제 우리는 시공간의 구조 자체를 흔드는 중력파를 '들을' 수 있다(이 책에서는 중력파를 글라이트glight라 부르겠다). 이제 중력파가 다양한 장치를 통해 관찰됐기 때문에 글라이트가 실존한다는 것은 더 이상 의문의 여지가 없다. 중력파 감지는 우리 우주가 여전히 숨기고 있는 많은 미스터리를 해독할 전례 없는 기회를 제공한다. 우주의 기원은 무엇일까? 우주의 구조와 진화를 설명하지만 직접 관찰할 수 없는 우주의 암흑은 무엇으로 구성되어 있을까? 우리의 운명은 어떻게 될까? 이런 심오한 질문이 간절히 답을 구하고 있다. 누가 이 자취를 따라가고 싶은 유혹을 물리칠 수 있을까?

결국 우리의 여정은 지도의 끝자락과 마주하게 될 것이다. 아인슈타인의 일반상대성이론은 중력의 본질에 관한 가장 난해한 질문에 일부 자연스럽고도 우아한 답을 제공해주었지만, 몇 가지 새로운 수수께끼도 함께 제시했고, 우리는 여전히 그 수수께끼와 씨름하고 있다. 지하의 입자가속기 속에서는 기존 입자들이 어떻게 활약하는지 아주 잘 이해하는 반면, 이 입자들이 우주에 영향을 미치는 방식에 대해서는 이해할 엄두조차 못 내는 이유가 무엇일까?

우주의 진화를 자연의 근본적인 양자적 특성과 조화시키려면 더 깊은 수준에서 중력에 대해 다시 검토해야 한다. 만약 거대한 우주적 척도에서는 중력이 일반상대성이론에서 예측한 것과 다른 식으로 행동한다면? 만약 오랫동안 질량이 없다고 간주된 중력에 사실은 질량이 있다면? 이 개념은 거의 일반상대성이론 자체만큼이나 오래됐고, 지난 세기 가장 위대한 과학자들의 탐구 대상이었다. 하지만 최근까지도 이 개념을 이해하려는 시도는 모두 크나큰 실패를 맛보았다. 하지만 이것은 끝이 아니라 우리 여정에서 가장 흥미진진한 부분이 시작되는 출발점이다. 이제 나는 당신을 동료들과 내가 중력과 씨름하는 과정에서 근래에 새로 발견한 길로 안내하려 한다.

기존에는 이 길이 전혀 유망해 보이지 않았기 때문에 그 길을 탐사하는 것은 비실용적이고 위험하며, 아예 생각조차 못 할 일로 여겨졌다. 하지만 요즘에는 이것이 중력에 대해 완전히 새로운 사고방식으로 우리를 이끌 수 있을 거란 생각이 든다. 이 새로운 이론들이 그 모든 질문에 최종적인 답을 내놓지는 못할지라도, 중력을 현실 그 자체의 모습이 아닌 있을 법한 모습으로 탐구해봄으로써 우리는 자연이 제공하는 모든 면모를 더욱 깊이 이해할 수 있게 될 것이다.

중력은 우리가 처음으로 인식하게 되는 물리적 현상 중 하나다. 그리고 우리는 그 한계를 탐구해보려는 욕구를 거의 보편적으로 가지고 있다. 아기는 툭하면 장난감을 책상 밖으로 밀어서 땅바닥에 굴러떨어지는 모습을 지켜본다(그리고 부모님이 화를 내며 그것을 다시 올려놓는다). 조금 커서 아이가 되면 트램펄린 위에서 지겨운 줄도 모르고 방방 뛰며 다시 땅으로 내려오기 전에 얼마나 높이 뛰어오를 수 있는지 확인하고 싶어 한다. 나이가 들면 친구들과 물가에서 물수제비를 뜨며 수면에 퍼져나가는 아름다운 잔물결을 지켜본다. 이 모든 순간 중력이라는 고집스러운 현상에 저항하는 것이 놀이였다. 지속적으로 당기는 중력의 힘은 우리 삶에서 많은 스트레스의 원천이지만, 우리는 그로부터 회피하기보다는 결국 그것을 받아들여 함께 살아가는 법을 배운다.

삶을 살아가듯 자유롭게 시공간의 곡률을 따라 낙하하다 보면 우리는 시간과 공간을 따라가는 우리의 여정이 자유롭고 직선적이지만 결코 단순하지는 않다는 사실을 곧 깨닫게 된다. 가는 길에 장애물도 있고 낭떠러지도 있어야 제대로 된 여정이라 할 것이다. 이런 것이 없는 여정은 완전하지 못하다. 끝없는 탐구에서 앞으로 나가기 위해서는 이런 낙하를 받아들이고 그 안에서 아름다움을 발견할 수 있는 태도가 반드시 필요하다. 지금까지 나온 모든 중력 이론은 실패의 미덕을 경험했다. 감히 그런 실패를 감수한다는 것은 각각의 낙하를 부끄러운 끝맺음으로 받아들이는 것이 아니라 자연을 더 근본적으로 이해할 기회로 받아들인다는 의미다.

이 여정을 중력의 신비와 과학 그 자체에 대한 축하라고 생각해 보자. 이것이 완전해지려면 의심과 실패도 필요하겠지만, 발견의 짜릿함도 함께할 것이다. 이것은 나만의 여정도, 동료들만의 여정도 아니다. 아인슈타인이나 뉴턴만의 발견도 아니다. 이것은 우리가 함께하는 모험이며, 그 길을 닦아준 위대한 과학자의 모험이듯이 당신의 모험이기도 하다. 수천 년 전에 시작된 이 여정은 끝이 없을지도 모르지만, 그 길을 걷는 과정에서 우리는 미래 세대와 문명을 풍요롭게 할 지식을 얻을 것이다. 이 지식을 통해 그들은 자신의 운명을 개척하고, 실재의 결과 결 사이를 넘나들며, 모든 것을 아우르는 우주의 구조와 상호작용할 수 있을 것이다.

1장

중력, 우주에서 가장
보편적인 언어

우리는 모두 타고난 과학자

내 모국어는 프랑스어지만 그 프랑스어를 하필이면 스페인어를 사용하는 국가에서, 그중에서도 하필이면 케추아어(남아메리카 안데스 지역에 거주하는 원주민 언어—옮긴이)를 사용하는 여러 지역에서 살면서, 그것도 하필이면 스웨덴인 어머니로부터 배웠다. 돌이켜 보면 내가 배우려고 한 모든 언어에서 한두 가지 약점이나 정체 불명의 억양을 가지게 된 것도 그리 놀라운 일이 아니다. 20대 초반에 파리공과대학교에 다녔을 때 사람들은 어쩜 그렇게 프랑스어를 빨리 배웠냐며 칭찬했다. 20년 동안 프랑스어로 말하며 살아온 사람에게 이것은 칭찬이 아니었다. 몇 년 후 캐나다로 이주하자, 프랑스어를 사용하는 퀘벡 사람들은 내가 그들의 언어에 익숙하지 않다고 생각했는지 나와 대화할 때는 친절하게 영어로 말했다. 재미있는 건, 영어를 쓰는 사람들은 이와 정반대로 행동했다는 것이다. 그리고 비행을 배우려고 경비행기인 다이아몬드 DA20 카타나Diamond DA20 Katana를 조종할 때 관제사들은 내가 '활주로runway'가 아니라 '고속도로highway'에 착륙하겠다고 요청하면 믿을 수 없다는 듯한 반응을 보였다.

사실 나는 사람들에게 내 뜻을 표현하려고 할 때 적절한 단어를 찾지 못해 항상 어려움을 느낀다. 내가 두 살 때 우리 가족은 페루 안데스의 아름다운 지역인 아야쿠초Ayacucho로 이사했다. 이곳은 어린 시절을 보내기에는 더할 나위 없이 좋은 마법 같은 곳이었다. 시장은 늘 화려한 색으로 넘쳐났고, 끊임없이 울려퍼지던 음악은 아직도 내 마음에 신명하게 남아서 울리고 있다. 하지만 아야쿠초는 극좌 성향의 테러 조직인 센데로 루미노소Sendero Luminoso(빛나는 길)의 근거지이기도 했다. 어느 날 오후 한 친구의 생일 축하 파티를 열다가 갑자기 근처 언덕에서 들리는 총소리에 파티가 중단됐다. 우리 가족은 서둘러 집으로 돌아가다가 군의 검문을 받았고, 병사 중 한 명이 아버지의 귀에 총을 들이댔다. 공포에 질린 나는 반복적으로 "Dis Pare!"라고 외치기 시작했다. 프랑스어로는 '그에게 말해요'라는 뜻이고, 스페인어로는 '멈춰!'라는 뜻이었다. 그런데 가족들이 경악한 이유는 따로 있었다. 'Dispare!'는 스페인어로 '총을 쏴!'라는 의미이기도 했기 때문이다. 다행히도 병사들은 혼란 속에 내뱉는 내 재잘거림에 거의 관심이 없었다.

내가 저지른 번역 오류는 사람들에게 웃음을 선사하기도 하는 비교적 무해한 것이었지만, 내 마음속에는 항상 더 신뢰할 수 있는 보편적 언어와 이어지고 싶은 열망이 있었다. 단어와 오해를 초월해서 세상을 이해할 수 있는 그런 언어 말이다. 어린 시절에 나는 단순한 규칙에서 위안을 얻었다. 이런 규칙들이 내가 찾지 못해 고생하는 단어들보다는 더 명확하게 느껴졌기 때문이다. 좋은 것이든 나쁜 것이든, 단순한 규칙은 내가 시선을 두는 모든 곳에 존재하는 것 같았고, 심지어 센데로 루미노소의 용납할 수 없는 활동을 관찰할 때도 그랬다.

지역 감옥을 습격해 주요 수감자를 탈출시킬 때든, 정부 건물을 공격할 때든, 몸값을 요구하기 위해 민간인을 납치할 때든, 센데로 루미노소는 항상 일관된 전술을 유지했다. 자신들의 이데올로기를 위협하는 대상을 공격하기 전 그들은 해가 진 후에 고압 송전탑을 폭파해서 도시 전체를 암흑에 빠뜨렸다. 규칙은 명확했다. 내가 열을 세면 모든 것이 난장판이 됐다. 사람들의 고함 소리가 들리고, 총이 불을 뿜는 것이 보이고, 내 시선이 닿는 모든 곳에서 두려움과 고통이 느껴졌다. 하지만 그 일화 속에서 내가 가장 생생하게 기억하는 것은 10초의 카운트다운이다. 그 10초 동안은 공포도 없고, 단순한 규칙만 존재했으며, 이 규칙은 결코 어긋나는 법이 없었다.

우리는 어떤 상황에 놓이더라도 주변 세상을 이해하려는 본능적 욕구를 갖고 있다. 이것은 자신이 관찰한 내용을 설명하고, 앞으로 일어날 일을 예측할 수 있게 해줄 법칙을 도출하려는 본능이다. 이렇게 함으로써 기존에는 이해할 수 없던 것을 이해할 수 있다. 우리 종의 성공도 부분적으로는 이것으로 설명할 수 있다. 내 경우에는 이러한 단순한 패턴들과 이것이 우리 세계를 구성하는 방식에 대한 인식이 결코 설명할 수 없는 것에 대한 모델링에서 미지의 세계를 향한 경외심으로 이어졌다. 이를 통해 우리 우주의 신비를 밝혀내고자 하는 열망에 이끌린 나는 발견의 흥분과 행복을 깨닫게 되었다.

다섯 살 무렵, 페루 아마존과 경계를 접하고 있는 이키토스시 바로 외곽에서 해먹에 누워 몸을 흔들다가 무게가 완전히 사라지는 경험을 했던 것을 또렷이 기억한다. 천년 묵은 나무들 사이로 반짝이는 여러 별을 지켜보는 동안 시간을 초월하고 중력을 정복해서 우주를 떠다니는 듯한 느낌을 받았다. 이 순간이 내가 평생 중력에 대해 느낀 매력의 시발점이 되었다. 요즘 내가 과학자로서 하는 일은 자연을 더 심오하고 보편적으로 이해하기 위해 노력하고, 우주를 지배하는 근본 원리를 탐구하는 것이다. 이런 과학적 탐구는 수학의 정리와 물리법칙만으로 이루어지는 것처럼 보이겠지만 사실 가장 심오한 발견은 우리 각자의 마음에 품고 있는 열정과 호기심에서 나온다.

우리는 모두 본질적으로 과학자라 할 수 있다. 우리는 패턴을 인식하고 그 의미를 해독해서 모든 형태의 소통을 초월하는 방식으로 그 결과를 예측한다. 어쩌면 우리가 중력과 자연 전체의 우아한 보편성을 알아차릴 수 있던 행운도 이런 방식으로 찾아온 것인지 모른다. 아니면 우리에게 세상을 그렇게 체계적이고 우아한 방식으로 바라보는 능력을 선물한 것이 바로 자연의 보편성인지도 모르겠다. 어느 쪽이든 자연의 패턴을 이해하려는 노력 덕분에 우리는 실재를 이해하는 과정에서 가장 중요한 돌파구 중 하나를 발견할 수 있었다.

광속은 변하지 않는다

3000년 전 고대 중국의 천문학에서 제임스웹 우주망원경James Webb Space Telescope에 이르기까지 인류가 자연의 작동 방식에서 관찰한 내용과 수집한 단서는 결국 거의 모두 빛을 통해 드러난 것이다. 빛은 육안, 망원경, 천문대, 혹은 다양한 실험을 통해 우리에게 비밀을 전해주는 소중하고 믿음직한 전령사 역할을 해왔다. 하지만 우리가 빛의 실체에 대해 더욱 잘 이해하게 된 것은 몇백 년이 되지 않는다.

일련의 획기적인 발전을 거친 후 1861년에 스코틀랜드의 수리물리학자 제임스 클러크 맥스웰James Clerk Maxwell이 수천 년의 세월이 담긴 지혜를 놀라울 정도로 간결한 방정식의 집합으로 정리했다. '맥스웰 방정식Maxwell's equation'으로 알려지게 된 이 방정식은 우리가 당시에 전기력과 자기력에 대해 알고 있던 모든 내용을 망라하여 이를 하나의 전자기장electromagnetic field으로 통합했다. 4년 후에 맥스웰은 이 방정식들로부터 전자기장 내의 교란이 파동처럼 행동하고 이동한다는 것을 연역해냈다. 그리고 그 속도를 계산해보니 빛의 속도, 즉 광속과 거의 같다는 결론에 도달하게 됐다. 이로부터 맥스웰은 우리가 보는 빛이 바로 전자기파라는 필연적인 결론에 이르렀고, 이로써 마이클 패러데이Michael Faraday가 1846년에 제시한 가설이 확인됐다.[2]

여러 면에서 빛은 바다의 수면을 가로지르는 파도나 공기를 통과해 움직이는 음파처럼 행동한다. 사실 가시광선, 전파, 마이크로파, 엑스선, 감마선, 자외선, 적외선 등은 모두 빛이다. 차이점이라면 파동의 정점과 정점 사이의 거리를 말하는 파장뿐이다. 음악이 음높이(파장)가 서로 다른 음을 연주해서 만들어지는 것처럼 서로 다른 색깔들도 길고 짧은 파장을 가진 빛에 의해 만들어진다. 예를 들어 붉은빛은 파란빛보다 파장이 더 길다.

빛이라는 용어가 가끔 스펙트럼상에서 사람의 눈으로 볼 수 있는 가시광선 영역, 즉 대략 400~700나노미터의 파장을 가진 전자기파만을 지칭하는 용도로 사용될 때가 있다. 하지만 파장에 상관없이 모든 유형의 전자기파는 근본적으로 동일하다. 원칙적으로 전자기파의 파장은 플랑크 길이Planck length(10^{-35}미터)까지 짧아질 수 있다. 이는 가시광선보다 10억 분의 1의 10억 분의 1의 10억 분의 1의 10분의 1(10^{-28}) 정도에 해당하는 파장으로, 자외선 영역의 가장 극단에 있다. 스펙트럼의 반대쪽인 적외선 영역의 끝으로 가면, 지구에서는 파장이 몇십만 킬로미터나 되는 전파를 감지할 수 있다. 우주 전체를 감지기로 사용할 수 있다면 원칙적으로는 관측 가능 우주observable Universe(빛이 우주의 나이 동안에 도달할 수 있는 거리 내에 있는 공간으로, 인간이 이론적으로 관찰할 수 있는 우주 영역을 의미한다—옮긴이)만큼 큰 파장의 전자기파도 감지할 수 있다. 이를 환산하면 대략 100만 곱하기 10억 곱하기 10억 킬로미터 정도다. 이 책에서는 눈에 보이는 주파수를 갖는 파동 그리고 적외선 영역이나 자외선 영역의 스펙트럼에 속한 다른 파동을 구분하지 않겠다. 여기서는 주파수에 상관없이 모든 전자기파를 '빛'으로 지칭하겠다.

빛도 소리처럼, 이동하는 데 시간이 걸린다. 물론 그 시간이 훨씬 짧기는 하다. 맥스웰의 이론에 따르면 빛의 파동은 진공에서 고정된 속도로 움직인다. 맥스웰의 연구가 발표된 당시만 해도 알려진 모든 파동은 매질을 통해 이동했다. 예를 들어 바다의 파도는 물이라는 구조의 진동에 해당하는 반면, 음파는 장난감 깡통 전화기의 실 등 다양한 매질을 통과해 이동한다. 소리를 실어 나를 매질이 없다면 완전한 침묵에 휩싸일 것이다. 그래서 영화 〈에일리언Alien〉을 홍보할 때는 이런 오싹한 경고 문구가 등장하기도 했다. "우주에서는 누구도 당신의 비명을 들을 수 없다." 그래서 맥스웰은 자연스럽게 빛도 분명 매질을 통해 이동할 것이라 가정했다. 그리고 우주 전체에 스며들어 있는 물질인 '발광 에테르luminiferous aether'가 빛의 매질로 제안됐다. 하지만 이 발광 에테르의 흔적을 찾기 위해서는 대단히 정밀한 실험이 필요했고, 그것을 감지하기 위한 초창기 시도에서 거둔 성공은 하나같이 의문스러웠다. 하지만 결국 이런 노력이 과학 역사상 가장 유명한 실패한 실험으로 이어졌다. 바로 마이컬슨-몰리의 실험이다. 여기에 대해서는 곧이어 살펴보겠다.

발광 에테르를 찾으려는 노력이 헛수고로 돌아간 것과 달리 광속은 금세 놀라운 정확도로 확인됐다. 빛의 속도는 진공에서 초속 3억 미터 정도로 나왔다. 더 정확해진 요즘의 측정치는 초속 299,792,458미터다.[*] 빛이 진공에서 항상 동일한 속도로 이동한다는 사실은 잘 알려진 과학 상식으로, 대부분의 성인이 들어본 적이 있어서 당연하게 여기는 내용이다. 하지만 이 말의 정확한 정의가 뭘까? 언뜻 보면 자연이 우리에게 친절을 베푼 것처럼 보인다. 이런 일관성은 어떤 단순함을 암시하기 때문이다. 하지만 이 법칙의 중요성과 독특함을 제대로 이해하기 위해 일상에서 접할 수 있는 그와 비슷한 시나리오를 생각해보자. 여기 시속 30킬로미터로 달리는 자동차가 있다.

한 보행자가 인도에 서서 시속 30킬로미터로 도로를 달리는 자동차를 바라본다고 상상해보자. 그리고 그 뒤로는 시속 20킬로미터로 달리는 자전거가 있다. 자전거 운전자의 입장에서 보면 자동차는 자기보다 시속 10킬로미터 더 빨리 달리고 있다. 상식적으로 생각해보면 나처럼 평범한 자전거 운전자라도 열심히 페달을

---

[*] 이 값이 얼마나 정확한 것인지 궁금한 사람들을 위해 말하자면, 이 답의 정확성은 무한대다. 지금은 진공에서 빛의 속도를 대단히 근본적인 양으로 간주하기 때문에 빛의 정의가 거리의 정의보다 선행한다. 그래서 1미터라는 개념 자체가 빛의 속도에서 유래한다. 현재 1미터는 빛이 진공에서 299,792,458분의 1초 동안 움직인 거리로 정의된다.

밟아 시속 30킬로미터까지 끌어올리는 것은 그리 어렵지 않을 것 같다. 그럼 자동차와 자전거가 나란히 달리게 될 것이다. 보행자의 시점에서 보면 자동차와 자전거가 같은 속도로 이동하는 것처럼 보일 것이다. 그리고 자전거의 시점에서 보면 자동차는 자기보다 더 빠르지도, 느리지도 않게 움직이는 것이 된다. 즉, 자전거에 대한 자동차의 상대 속도가 사라진다. 적어도 속도를 더하는 방식에 대해 우리가 직관적으로 이해하는 바에 따르면 그렇다. 이런 아이디어는 갈릴레이의 상대성을 언급한 서문에서 접해보아서 아마 익숙할 것이다. 실제로 속도의 더하기에 관한 이런 직관은 갈릴레오가 움직이는 선실 속에 갇힌 항해사와 나비에 대해 얘기할 때 암묵적으로 가정했던 부분이다.

이런 논리에 따라 발광 에테르를 통과하는 빛의 속도가 발광 에테르에 대해 상대적으로 정지해 있는 특정 관찰자에게만 동일하게 관찰되리라는 것이 19세기 후반의 과학적 공감대였다. 그래서 에테르를 가로지르며 움직이는 사람에게는 빛의 속도가 다르게 측정될 것이라 여겼다. 예를 들어 앞에 나온 자전거를 타는 사람은 인도에 서 있는 사람이나 편안하게 자기 집 거실에 앉아 있는 사람과는 살짝 다른 빛의 속도를 측정하게 될 것이다. 물론 자전거 타는 사람과 거실에 앉아 있는 사람에게서 나타나는 속도 차이는 빛의 실제 속도와 비교하면 여덟 자릿수나 더 작은 말도 안 되게 미미한 수준이다. 그리고 이것은 19세기 기술을 이용해서 측정할 수 있는 차이도 아니었다. 하지만 태양 주위를 돌고 있는 지구의 움직

중력이라는 아름다움

임처럼 더 빠른 속도의 효과를 고려할 때는 이런 흥미로운 효과를 감지할 수도 있었다.

이 책을 읽으며 앉아 있는 동안 당신은 발밑의 지구와 함께 태양 주위를 돌며 한 방향으로 초속 30킬로미터라는 꽤 빠른 속도로 움직이고 있다. 우리의 일상과 지구의 운명에 대해서 확실하다고 할 만한 것이 점점 사라지고 있지만, 적어도 반년 후에 지구가 태양의 반대편에서 공전 방향과 반대로 돌고 있으리라는 점은 분명하게 말할 수 있다. 따라서 만약 갈릴레오의 이론이 옳다면 지금 측정한 빛의 속도와 6개월 전 혹은 6개월 후에 측정한 빛의 속도가 아주 미세하게라도 달라야 한다는 의미가 된다. 그리고 지구 역시 태양 주위를 돌면서 계속 자전을 하고 있고, 대양 지체도 우리은하를 중심으로 약 초속 230킬로미터로 돌고 있기 때문에 우리가 어느 방향을 향하고 있느냐에 따라 빛의 속도를 측정한 값도 지속적으로 달라져야 한다. 빛이 바다 위 파도처럼 에테르 안에서 고정된 속도로 전파된다고 가정하고, 속도를 더하는 방법에 관한 갈릴레오의 본능을 따랐을 경우에도 이와 같은 결론에 도달하게 된다.

실패한 실험의 위대한 유산

19세기가 저물 무렵 미국 오하이오주 클리블랜드에 위치한 케이스공과대학교의 물리학자 앨버트 마이컬슨과 근처 웨스턴리저브대학교의 화학자 에드워드 몰리가 에테르 바람luminiferous aether wind이 미치는 효과를 감지하기 위한 실험에 착수했다(이 두 기관은 나중에 합병해서 현재의 케이스웨스턴리저브대학교가 됐고, 약 135년 후에 나와 내 남편이 이 학교에 입학했다). 이들이 고안한 실험을 수행하기 위해서는 최초의 간섭계interferometer 중 하나를 만들어야 했다. 이것은 현재 다양한 과학 분야에서 사용되고 있는 기발한 장치다.

이렇게 설정한 실험이 어떻게 작동하는지 이해하기 위해 두 공항을 왕복하는 비행기를 상상해보자. 지구의 자전과 항공 교통량을 무시하면 바람이 없는 잔잔한 날에는 오고 가는 데 걸리는 시간이 같을 것이다. 그럼 바람이 부는 날에는 어떻게 될까? 만약 〈그림 1-1〉처럼 바람의 방향이 경로와 수직으로 불어오는 옆바람이라면 비행기는 거기에 맞추어 비행 방향을 조정해야 하기 때문에 오고 갈 때 시간이 살짝 더 걸릴 것이다. 하지만 바람이 비행 경로를 따라 분다면, 갈 때는 꽁무니바람이 밀어주어 시간이 줄어들고, 돌아올 때는 맞바람을 거슬러 와야 해서 시간이 늘어난다. 언뜻 맞바람 때문에 까먹는 시간을 꽁무니바람 덕분에 아낀 시간으로 상쇄할 수 있으니 총 이동 시간은 바람의 영향을 받지 않을 거라 생각하기 쉽다. 하지만 사실은 맞바람으로 까먹는 시간이 꽁무니바람으로 아끼는 시간보다 더 길다. 바람과 같은 방향을 따라 왕복으로 이동하면 바람의 방향에 직각으로 이동하는 경우보다 시간이 더 많이 걸린다.

마이컬슨과 몰리의 빛 간섭계는 이런 통찰을 이용해서 '빛의 바

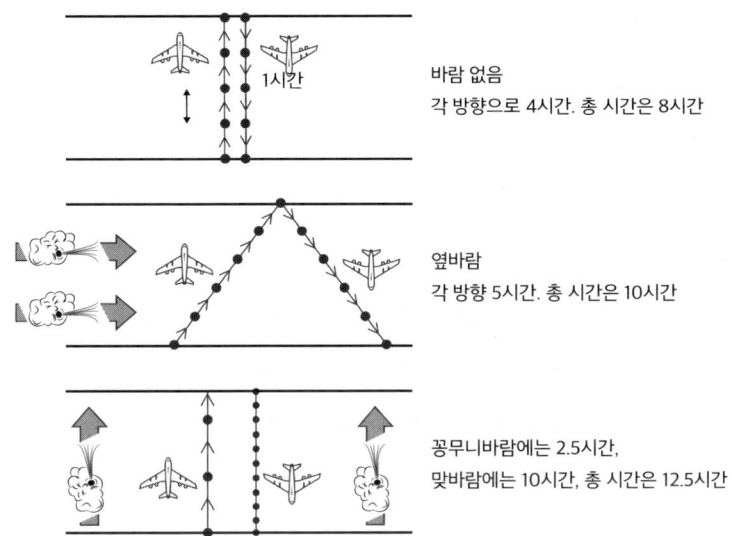

바람 없음
각 방향으로 4시간. 총 시간은 8시간

옆바람
각 방향 5시간. 총 시간은 10시간

꽁무니바람에는 2.5시간,
맞바람에는 10시간, 총 시간은 12.5시간

그림 1-1 | 강한 바람을 안고 비행할 때는 시간이 지연된다. 움직이는 에테르 안에서 이동하는 빛도 비슷한 패턴을 따를 것이다.

람', 즉 에테르의 존재를 감지한다. 한 공항에는 광원이 있고, 다른 공항에는 그 빛을 반사해서 되돌려 보내는 거울이 있다고 해보자. 빛이 에테르 안에서는 정해진 속도로 전파되지만, 에테르 자체는 공항에 대해 상대적으로 움직인다면, 바람이 비행기에 미치는 것과 동일한 방식으로 에테르도 빛에 영향을 미칠 것이다. 에테르 바람이 빛의 경로와 직각일 경우에 비해 빛이 에테르 바람의 방향과 일치하는 경우에는 왕복 시간이 더 걸리게 된다. 좀 더 자세히 설명하자면, 간섭계의 한 줄기 광선을 2개로 분리해서 각각 직교하는 두 방향의 팔을 따라 보낸다. 각각의 팔 끝에는 광선을 동일한 경로로 되돌려 보내는 거울이 달려 있다. 그럼 두 팔로 보내졌던 두 광선이 출발점에서 다시 합쳐지게 된다. 만약 두 광선이 원래의 출발 지점에 같은 시간에 도착한다면 두 광선은 파형의 마루와 골이 정확히 일치하는 동상in phase 상태가 되고, 두 광선은 보강간섭constructive interference을 일으키며 신호가 강해진다. 하지만 한쪽 광선이 다른 광선보다 늦어지면, 예를 들어 에테르의 움직임 때문에 한쪽 광선이 다른 광선보다 더 느려질 경우에는 둘이 다시 만났을 때 더 이상 완벽한 팀을 이루지 못하고 동조가 깨져 위상차가 발생한다. 이로 인해 두 광선이 재결합할 때 상쇄간섭destructive interference이 일어나며 신호의 세기가 약해진다. 따라서 신호에 어떤 형태로든 변조modulation가 일어난다는 것은 빛의 유효속도가 에테르 바람(혹은 에테르를 가로질러 움직이는 지구의 운동)의 한 방향을 따라 변하고 있음을 말해주는 분명한 단서다.

〈그림 1-2〉는 마이컬슨과 몰리의 실험을 그림으로 표현한 것이다. 놀랍게도 이 실험 장비는 전체가 거대한 사암 덩어리에 부착되어 있었고, 이 사암 덩어리는 마이컬슨의 실험실 지하에 있는 수은통에 띄워져 있었다. 이런 설계 덕분에 실험 장치는 자유로운 회전이 가능했고, 에테르 바람과 일치하는 방향을 비롯해서 가능한 모든 방향을 탐구할 수 있었다.

1887년 11월에 발표된 마이컬슨-몰리 실험의 결과는 지금은 당연하게 생각되지만 당시만 해도 불가능하게 여겨졌던 내용을 담고 있었다. 실제 관찰자의 속도에 상관없이 진공에서 빛의 속도가

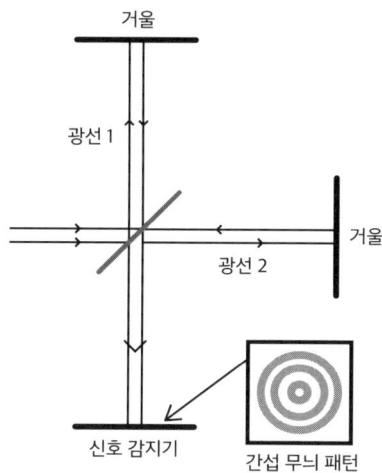

그림 1-2 | 마이컬슨-몰리 간섭계의 개요. 빛의 속도가 모든 방향에서 동일하다면 양쪽 광선 모두 스크린에서 완벽하게 동조된 상태로 결합한다. 하지만 지구가 에테르를 통과해서 움직이는 바람에 한쪽 방향에서 빛의 속도가 다른 방향보다 더 느려진다면 두 광선이 다시 만났을 때 동조가 깨지게 된다.

항상 정확히 동일하게 측정된다는 것이었다. 마이컬슨과 몰리는 지구, 따라서 그 위에 있는 실험 장치가 실험 과정에서 다양한 속도와 다양한 방향으로 공간을 지나간다는 부정할 수 없는 사실에도 불구하고 광속이 변화한다는 증거를 전혀 찾을 수 없었다.

이 연구 결과에서 도출할 수 있는 결론은 딱 두 가지밖에 없었다. 믿을 수도, 설명할 수도 없는 어떤 기적적인 이유 때문에 에테르가 그들의 실험실에 대해 상대적으로 정지 상태를 유지하고 있었거나(어쩌면 이것은 실험 장소였던 클리블랜드가 우주의 중심이라는 의미일 수도) 아니면 빛이 발광 에테르라는 매질을 통해 전파된다는 개념을 영원히 포기해야 한다는 것이었다. 이 두 가지 선택 중에서 결국 후자의 가능성에 주목하게 된 것은 당연한 일이었지만, 당시만 해도 답이 그렇게 명확하지 않았다. 마이컬슨의 개인사가 스캔들로 얼룩져 있었다는 점 또한 초기에 이 선택을 더 어렵게 만든 한 가지 요소였다. 어쩌면 그가 실험하는 동안 접촉한 대량의 수은이 그 이후에 일어난 사건들을 '설명'해줄지도 모르겠다.

마이컬슨의 정밀한 광학 실험은 결국 그에게 1907년 노벨 물리학상을 안겨주었고, 이로써 그는 물리학 분야에서 노벨상을 받은 최초의 미국인이 되었다. 이런 명성 때문에 많은 사람이 이 영민한 과학자의 어두운 면에 대해서는 잊어버렸다. 하지만 유명한 마이컬슨-몰리 실험 당시 마이컬슨은 35세에 불과했고, 약간의 추문에 휘말려 있었다. 마이컬슨은 가정부와 '부적절한 관계'를 가졌다는 혐의를 받았으며 이 가정부는 친지와 함께 그를 협박하고 있었다. 마이컬슨은 이런 협박에 굴하지 않고 1887년 10월 10일 아침에 케이스공과대학교의 자기 실험실에서 그들과 만나기로 약속을 잡았다. 이날은 그가 몰리와 클리블랜드 토목기사클럽Cleveland's Civil Engineers' Club에서 처음으로 연구 결과를 발표하기로 예정된 전날이었다. 몰리는 증인으로 나와 있고 형사가 연구실에 숨어 있던 상황에서 마이컬슨은 협박범들에게 요구사항을 다시 말해보라고 했다. 협박범들은 그 자리에서 바로 체포됐다. 그리고 마이컬슨 자신은 이틀 후에 체포됐다. 그래서 결국 실험 결과 발표는 12월로 연기될 수밖에 없었다.

중력이라는 아름다움

결국 마이컬슨은 모든 혐의에서 벗어나게 되었지만, 그럼에도 이 사건들은 19세기 말 과학계의 향방에 영향을 미쳤다. 마이컬슨과 몰리는 그해 가을에 다시 실험을 계획하고 있었다. 첫 실험을 진행한 여름에 지구가 특정 위치에 있었기 때문에 이례적인 상쇄 효과가 발생해서 그런 결과가 나온 것이 아님을 확인하기 위해서였다. 하지만 앞서 있었던 개인적인 사건들 때문에 후속 연구는 진행되지 못했다. 적어도 마이컬슨과 몰리가 원래 의도했던 대로는 되지 않았다. 대신 그 후로 20년 동안 물리학자들은 마이컬슨-몰리 실험에서 에테르의 효과가 전혀 나타나지 않은 이유에 대해 온갖 복잡한 설명을 늘어놓았다. 예를 들면 지구가 에테르를 끌고 다녀서 그런 것이라는 설명도 있었다. 하지만 결국 이 실험은 여러 사람에 의해 점점 정확도를 높이며 반복되었으며, 그중에는 당시 케이스공과대학교의 교수였고 나중에 물리학과 학과장을 맡은 데이턴 밀러Dayton Miller도 있었다.

처음에는 대체 이게 가능한 일인가 싶었지만 과학계는 마침내 이 당혹스러운 현실을 받아들일 수밖에 없었다. 우리가 어느 방향으로 얼마나 빨리 움직이든 빛은 항상 우리에 대해 동일한 속도로 움직이는 것으로 관측된다는 사실을 말이다. 더 일반화해서 말하자면 우리가 소파에 앉아 있든 세상에서 제일 빠른 제트 여객기를 타고 시속 3500킬로미터 이상의 속도로 날든, 심지어 지구 옆을 시속 10만 킬로미터로 쏜살같이 달려가는 혜성 위에서 일광욕을 즐기든, 빛은 언제나 우리에 대해 정확히 동일한 속도로 이동하는 것으로 보인다. 이것은 어떤 사람(혹은 입자나 파동)의 이동 방향과 나란한 방향으로 움직이면 상대 속도가 살짝 다르게 측정된다는 갈릴레오의 직관과 어긋나는 결과다. 결국 1905년 아인슈타인이 등장해서 개념의 도약을 통해 발광 에테르라는 개념을 완전히 폐기해버렸다. 오늘날 우리는 빛이 매질을 통해 전파되는 것이 아니며, 그냥 공간과 시간만 있으면 무언가에 달라붙을 필요 없이 스스로 우주를 가로지를 수 있음을 이해하고 있다.

오늘날 마이컬슨-몰리 실험은 실패한 실험 중에서 가장 유명한 실험으로 널리 알려져 있다. 이들이 신호 포착에 실패하는 바람에 지난 세기 가장 위대한 혁신을 위한 발판이 마련됐다. 놀랍게도 본질적으로 동일한 설계를 바탕으로 만들어진 간섭계가 요즘에도 일상적으로 사용되고 있다. 물론 수은 통은 '준단일체 진동억제장치quasi-monolithic suspension'로 대체됐고, 팔의 길이는 수천 배 길어졌으며, 두 명의 연구자가 담당한 실험은 이제 수백 개 기관에서 파견된 수천 명의 과학자가 협력하는 프로젝트로 발전했지만 말이다. 현재 미국의 레이저간섭계 중력파관측소Laser Interferometer Gravitation-al-Wave Observatory(LIGO), 이탈리아 피사 근처에 있는 유럽중력파관측소European Gravitational Observatory(EGO)의 VIRGO 간섭계, 일본의 가미오카 중력파탐지기Kamioka Gravitational Wave Detector(KAGRA)에서 사용하는 간섭계는 마이컬슨-몰리 실험보다 약 열여덟 자릿수 더 정밀한 결과를 산출하고 있다! 그럼에도 이 간섭계의 기본 개념은 동일하다. 한때 우리의 갈릴레오식 직관을 증명하기 위해 고안된 실험이

한 세기 후에는 중력파를 탐지해서 결과적으로 일반상대성이론을 입증하는 데 핵심적인 역할을 하게 된 것이다.

무엇도 빛보다 빠를 수 없다

빛의 속도가 모든 관찰자에게 보편적이라는 깨달음을 얻은 과학자들은 우리 우주의 근본적 속성을 기술하는 방식에 대해 다시 생각하게 되었다. 그리고 그렇게 하기 위해서는 결국 시간과 공간이라는 개념 자체를 하나의 통합된 틀로 합쳐야 했으며, 이 틀은 사람의 언어로 표현할 수 있는 범위를 초월하는 것이었다. 세상을 기술하기 위해 개발되고 사용된 새로운 수학적 언어는 우리의 타고난 과학적 본능을 극복하고 논리의 법칙을 다시 세워야 했다. 이런 개념적 혁명을 일으키는 데 가장 직접적으로 영향을 미친 것은 1905년에 알베르트 아인슈타인이 제안한 특수상대성이론이었지만, 이런 사고의 전환은 국제 과학계의 다른 많은 이들의 통찰이 없었다면 불가능했을 것이다. 특히 네덜란드의 물리학자 헨드리크 로렌츠Hendrik Lorentz, 프랑스의 수학자 앙리 푸앵카레Henri Poincaré, 독일의 수학자 헤르만 민코프스키Hermann Minkowski(우연히도 그는 취리히에서 아인슈타인의 스승이기도 했다)가 특히 중요한 역할을 했다.

보행자와 자전거 타는 사람의 지각을 비교할 때, 우리는 자전거 타는 사람이 보행자에 대해 움직이고 있으므로 각각의 위치가 공간 속에서 서로 다르게 진화한다는 것을 받아들인다. 하지만 속도를 결합하는 방식에 관한 갈릴레오의 법칙을 적용하는 과정에서 우리는 치명적인 오류를 한 가지 저지른다. 모든 사람이 시간을 똑같이 지각한다고 가정하는 것이다. 사실 이런 오류를 저지르는 이유는 충분히 이해할 만하다. 우리는 자전거 타는 사람과 보행자 모두 '1시간'이라는 개념이 의미하는 바에 의견이 일치한다고 가정한다. 즉, 공간 속에서 두 사람의 상대적 위치는 서로 다르게 진화하지만, 두 사람 모두 시간의 흐름은 동일한 방식으로 보고 느낀다는 것이다. 이런 가정을 통해 우리는 암묵적으로 시간과 공간을 서로 다르게 취급한다. 갈릴레오와 뉴턴에 따르면 시간은 절대적인 개념으로, 관찰자의 운동에 상관없이 모든 관찰자에게 동일하게 흘러간다. 하지만 이 개념은 빛의 속도가 가지는 보편성과 양립하지 않는다. 모든 실험에서 빛의 속도가 모든 관찰자에게 동일하다는 사실이 입증되었기 때문에 우리는 시간의 흐름이 보편적이라는 개념을 버려야만 한다.

특수상대성이론을 공식화하는 과정에서 아인슈타인이 찾아낸 돌파구는 시간도 공간과 마찬가지로 운동의 영향을 받는다는 사실을 깨달은 것이었다. 빠르게 움직이는 자동차 속 운전자가 지각하는 시간은 느리게 움직이는 자전거 운전자가 지각하는 시간과 다르고, 자전거 타는 사람이 지각하는 시간은 보행자가 지각하는 시간과 또 다르다. 일상적인 속도에서는 이런 차이를 느낄 수 없지만, 빛의 속도에 가까워지면 그 차이가 커질 수 있다. 중요한 점은 우리가 다른 속도, 다양한 방향으로 움직이면서 지각하는 시간의 차이가 속도의 합산 방식에 영향을 미친다는 것이다. 그래서 우리가 빛의 속도에서 일어나는 효과를 측정할 때는 자신의 상대적인 운동 상태와 무관하게 모두 빛의 속도를 동일하게 측정하게 된다. 이 말이 추상적으로 느껴질 것이다. 이 단계까지 오면 우리의 타고난 직관이 무너지기 때문에 그럴 수밖에 없다.

우리 인간은 상대적으로 느린 속도에서 일어나는 일들을 잘 인식할 수 있도록 진화했다. 이 영역에서는 갈릴레이식 직관이 옳다. 어쨌거나 우리를 잡아먹는 포식자(적어도 우리가 지금까지 알고 있는) 중에 광속에 가까운 속도로 사냥하는 존재는 없으니까 말이다. 하지만 이 개념을 뒷받침하는 수학적 증명을 이해하려면 좀 더 유연한 관점이 필요하다. 실제로 시간과 공간이 서로 단절된 두 가지 개념이 아니라, 씨줄과 날줄처럼 하나의 개념으로 엮여 있음을 받아들이고 나면 빛의 속도에 다가갔을 때 일어나는 일을 훨씬 명확하게 이해할 수 있다. 헤르만 민코프스키가 깨달았듯이 보행자와 자전거 타는 사람의 관점을 비교하는 것은 회전을 수행하는 것과 비슷하다. 다만 이것은 공간에서의 회전이 아니라, 시공간에서의 회전이다.[*]

---

[*]   좀 더 정확하게 말하자면, 이것은 민코프스키 시공간Minkowski spacetime에서의 회전이다. 민코프스키 시공간은 3차원의 공간과 1차원의 시간으로 구성된 평평한 4차원의 구조를 기하학적으로 바라본 것이다. 시간과 공간을 뒤섞는 시공간 회전은 푸앵카레가 로렌츠 변환이라 부른 개념과 동일한 것이고, 이는 민코프스키 시공간이 갖는 전체적인 푸앵카레 대칭 중에서 특수한 사례에 해당한다.

당신이 남반구 어디쯤에서 인생을 시작했다고 상상해보자. 당신은 밤하늘의 별과 별자리를 알아보게 되었고, 밤하늘을 가로지르는 별의 움직임이 계절에 따라 달라진다는 것을 알게 됐다. 이런 지식을 이용해서 당신은 어두운 밤에도 길을 찾고 주변 세상을 이해할 수 있다. 그러다 어느 시점에서 당신이 북반구로 이사를 오게 됐다. 그곳에서 당신은 새로운 문화, 새로운 언어, 새로운 친구, 새로운 음식, 새로운 전통을 금방 배우게 될 것이다. 당신은 실재의 일부 요소는 변함없이 그대로 유지되리라 확신하면서 이 모든 변화를 받아들일 수 있다. 하루는 여전히 24시간이고, 무지개에서는 여전히 같은 색이 같은 순서로 배열되어 빛날 것이라고 말이다. 당신이 북반구에서 직장을 구하기로 마음먹었다고 해서 밤하늘의 별이 거기에 영향을 받았을 리는 없다. 하지만 지구 표면 위에서 위치를 옮김에 따라 머리 위 하늘이 회전하면서 보이는 모습은 달라질 것이다. 처음에는 별의 배치가 뒤틀린 것처럼 보이지만 당신은 머지않아 익숙한 별자리를 찾아내서 예전의 모습 그대로 하늘을 이해할 수 있게 될 것이다.

서로 다른 속도로 움직이는 사람들을 비교할 때도 비슷한 상황이 펼쳐진다. 이 경우는 관찰자들이 단순히 공간 속에서만 서로에게 상대적으로 움직이는 것이 아니라 그들이 공간의 방향과 시간으로 인식하는 것 자체가 서로에 대해 상대적으로 회전한다. 두 사람이 서로 다른 관점을 가질 수 있지만, 어느 쪽도 자기가 하늘의 모습을 올바르게 파악하고 있다고 말할 수 없다. 이들의 관점은 서

중력이라는 아름다움

로에 대해 회전되어 있을 수 있지만, 서로 동등하다. 물리학의 관점에서 보면 모든 관찰자는 동등하며, 우리가 어느 방향을 향하든, 서로에 대해 얼마나 빠른 속도로 움직이든, 모두 동일한 물리법칙을 관찰하고, 빛의 속도를 동일하게 측정하는 이유도 그 때문이다.

이런 보편성이 의미하는 바는 우리가 아무리 빨리 가속하려 해도 빛은 여전히 동일한 속도로 움직인다는 것이다. 빛은 절대 따라잡을 수 없고, 따라서 빛의 속도는 결코 극복할 수 없는 한계 속도가 된다. 빛이 보편적인 제한 속도를 정한다는 이런 개념은 종종 상대성이론을 뒷받침하는 가정으로 소개되며, 역사적으로 보면 아인슈타인도 이런 방식을 통해 특수상대성이론을 유도해냈다. 하지만 실제로는 그 반대가 진실에 가깝다. 오히려 시간과 공간의 필연적인 통합이 시공간의 새로운 기하학적 구조와 결합하면서 그 무엇도 빛보다 빨리 움직일 수는 없다고 알려주고 있는 것이다.

중력과 빛이 만드는 우주의 보편적 질서

특수상대성이론을 발전시키는 과정에서 아인슈타인은 빛의 속도의 보편성이 단순한 우연이 아님을 깨달았다. 이것은 자연이 우아한 근본적 대칭성을 전달하는 방식이었다. 즉, 물리법칙을 기술하는 데 있어서 관찰자들은 우리가 그들을 어떻게 회전시키고, 어떻게 떼어 놓았는지에 상관없이 모두 동등하다는 것이다. 일단 이것을 깨닫고 나면 갈릴레오가 강조하고 뉴턴이 만유인력의 법칙에 담아놓은 중력의 보편성 자체도 자연이 우리에게 제공하는 또 다른 단서가 아닐까 궁금해지기 시작한다.

전하는 이야기로는 갈릴레오가 피사의 사탑에서 질량이 서로 다른 두 물체를 떨어뜨려 그 둘이 동시에 땅에 떨어지는 것을 보여줌으로써 중력의 보편성을 증명해 보였다고 한다. 이 전설적인 자유낙하 실험이 실제로 있었는지는 여전히 논란이다. 하지만 좀 더 최근에 와서는 아폴로 15호의 사령관 데이비드 스콧David Scott이 달 위에서 깃털과 망치를 떨어뜨려 물체가 모양, 질량, 밀도, 맛, 색에 상관없이 똑같은 속도로 낙하한다는 것을 입증해 보였다. 적어도 마찰력을 무시할 수 있는 상황에서는 말이다(달이 그런 상황이었다. 그곳에는 대기가 없기 때문이다). 우리를 지구 표면으로, 혹은 깃털과 망치를 달 표면으로 잡아당기는 중력의 힘은 똑같이 보편적인 방식으로 모든 사람, 모든 물체에 작용한다. 이것이 또 하나의 단순한 우연일까? 아니면 셜록 홈스의 말처럼 "우주가 그렇게 게으를 리 없다"며 의심해야 하는 것일까?

갈릴레오가 포착한 보편성이 얼마나 중요한 것인지 이해하기 위해 중력의 법칙을 전자기 법칙과 비교해보자. 풍선을 머리에 비빈 뒤 조심스럽게 머리에서 떨어뜨리면 머리카락이 풍선에 끌려와 달라붙을 것이다. 이런 현상이 일어나는 이유는 풍선을 문지르는 과정에서 머리카락에 있던 전자가 일부 풍선으로 옮겨 가기 때문이다. 이때 풍선을 머리에서 떼면 머리카락의 양전하가 풍선의 음전하에 이끌린다. 이것은 정전기를 이용한 아이들의 간단한 놀이이다. 이제 풍선 대신 치즈 조각으로 똑같이 해보자. 그럼 머리카락에서 치즈 냄새가 나는 것 말고는 별다른 일이 일어나지 않을 것이다. 치즈 조각은 전자를 쉽게 내놓지 않기 때문에 특별히 전하를 띨 일도 없다. 전기력에 의해 생기는 가속은 물체의 전하에 좌우된다는 점이 중요하다. 그 물체가 전기적으로 중성인지, 양성인지, 음성인지 그리고 그 전하가 얼마나 큰지 등이 모두 차이를 만들어낸다. 하지만 중력은 근본적으로 다르다. 중력은 아무런 편견이 없다! 사람이든, 행성이든, 블랙홀이든, 풍선이든, 망치든, 깃털이든, 치즈 조각이든, 호박씨든 모두 동일한 방식으로 중력을 경험한다.

이 비유에 대해 생각하다 보면 입지의 질량을 중력의 '전하'라고 해석하고 싶은 유혹을 느낄 수도 있다. 입자의 질량이 커질수록 그 인력도 커지니까 말이다. 이것은 질량을 저울로 측정할 수 있는 간단한 개념으로 이해하기 때문에 드는 생각이다. 아침에 일어나 체중계에 올라서면 자신의 무게를 저울에 가하게 된다. 이 무게라는 것은 지구가 우리 몸에 가하는 중력의 힘일 뿐이다. 중력 질량gravitational mass(물체가 중력장을 만들어내거나 중력장에 반응하는 정도를 나타내는 값. 물체가 가속에 저항하는 정도를 말하는 관성 질량inertial mass과 개념적으로는 차이가 있지만 실험적으로는 동일한 것으로 밝혀졌다—옮긴이)이 클수록 우리에게 가해지는 중력의 힘도 커지고, 체중계에 가하는 압력의 측정치도 높아진다.

이렇게 해서는 전체적인 그림을 볼 수 없다. 그 이유를 이해하기 위해 다음의 사고실험을 생각해보자. 스콧 사령관이 아폴로 15호에 망치, 깃털과 함께 체중계를 실어가서 달 위에서 체중을 재본다고 해보자. 달에서 측정한 체중은 지구에서 측정한 것과 사뭇 다를 것이다. 지구에서 이륙하기 전에 측정한 몸무게가 100킬로그램이었다면 나흘 후 달 표면에서는 겨우 16킬로그램 정도밖에 안 나온다. 아니, 우주선에서 먹는 밥이 얼마나 형편없길래 나흘 만에 84킬로그램이나 살이 빠지냐고 궁금해하는 사람도 있을 것이다. 달로 날아가서 정말로 이렇게 급격한 체질량 변화가 생기는 것이었다면 분명 다이어트 회사에서 이미 달 탐사 다이어트 프로그램을 만들었을 것이다. 하지만 사실 전자의 전하가 항상 똑같은 것처럼, 중력 질량(혹은 중력의 '전하')도 지구에 있든, 달에 있든, 텅 빈 우주 공간 속에 있든 모두 동일하다.

지구와 달에서 체중계에 찍히는 숫자가 다른 이유는 중력 질량이 변해서가 아니다. 그 저울이 놓여 있는 물체, 즉 지구와 달의 중력 질량이 100배 정도 차이가 나기 때문이다. 달의 반경이 지구보다 4배 정도 작기 때문에 뉴턴의 만유인력의 법칙에 따르면 지구 표면에서 작용하는 중력의 힘은 달 표면에서보다 6.25배 정도 크다. 저울로 측정한 체중이 달에서 적게 나오는 이유 그리고 중력 질량에 변화가 없는데도 지구보다 달에서 더 높이 뛰어오를 수 있는 이유도 모두 이것으로 설명할 수 있다.

예를 들어, 우리가 다른 행성의 중력에 얼마나 강하게 끌릴지 말해주는 것이 우리의 중력 질량이다. 하지만 중력이 우리에게 미치

중력이라는 아름다움

는 영향을 이해하려면 단순히 그 끌림의 세기만 고려해서는 안 된다. 그 끄는 힘에 우리가 어떻게 반응하는지도 대단히 중요하다. 그 반응을 결정하는 것은 우리의 관성 질량이다. 이제 데이비드 스콧과는 작별하고 다시 지구에서의 일상으로 돌아와 보자. 나는 매일 아침 걸어서 세 딸을 학교에 데려다준다. 그 길에 내가 노트북, 책, 장난감, 물병 그리고 가는 길에 주운 돌멩이까지 들어 있는 아이들 책가방을 들어주는 경우가 많다. 그 덕에 나는 관성 질량의 중요성에 대해 깊이 생각해볼 기회가 생긴다. 내가 이 책가방을 집에서 학교까지 끌고 가거나 혹은 가속하기가 얼마나 어려울지를 결정하는 것은 책가방의 관성 질량이다. 학교에 빨리 가려면 책가방의 관성 질량을 가속해서 속도를 높여야 하는데, 원칙적으로 이것은 내가 그냥 땀을 흘리며 조금 더 노력을 들이면 된다. 뉴턴의 운동 제2법칙에 따르면 물체를 가속하는 데 필요한 힘은 그 물체의 관성 질량에 비례한다.*

비행은 관성 질량과 중력 질량 간의 상호작용을 완벽하게 조율하는 예술이다. 비행기에 탑승하면 안전벨트를 매고 좌석 앞 테이블을 원위치에 고정시키고 기다린다. 그 상태에서 비행기가 활주로를 질주하기 시작하면 약간의 흥분이 느껴진다. 엔진이 최대로

---

* 기초 물리학의 층을 한 겹 한 겹 벗기다 보면 결국 기본입자 질량의 중요성으로 다가서게 될 것이다. 그리고 그 과정에서 입자의 관성 질량에 대한 얘기가 나올 것이다. 간단히 말하자면 이런 유질량 입자를 끌고 다니는 데는 더 많은 노력이 필요하다. 관성 질량이 클수록 유질량 입자를 밀어서 가속하는 데 필요한 힘도 커진다. 그리고 관성 질량이 가벼울수록 더 멀리 가지고 갈 수 있다.

출력되면서 이륙에 필요한 수평 속도가 나올 때까지 비행기의 관성 질량을 가속할 것이다. 엔진의 역할은 중력의 힘을 이기는 것이 아니라 이 거대한 관성 질량을 수평 방향으로 추진하는 것이다. 그럼 비행기 날개 아래쪽 공기의 흐름에서 압력이 발생하고 이 압력이 수직으로 작용해서 비행기를 아래로 잡아당기는 중력을 극복하게 된다.

비행기를 두 대 설계하는데, 둘 다 중력 질량은 같아서 지구 위에서의 무게는 똑같이 나가지만 한 비행기의 관성 질량이 다른 비행기의 절반이 되도록 만든다고 잠시 상상해보자. 이 둘을 비교해보면 관성 질량이 더 가벼운 비행기가 가속하기도 쉽고 연료비도 절반밖에 들지 않을 것이다. 이 점을 감안하면 우리가 비행기 탑승 수속을 할 때 정말 중요한 것은 수하물의 무게가 아니다. 무게는 관성 질량이 아니라 중력 질량과 관련된 값이기 때문이다. 물체를 밀어서 가속하는 데 얼마나 많은 노력이 드는지 말해주는 것은 관성 질량이다. 그럼 수하물을 체크인할 때 저울로 무게를 잴 것이 아니라 수하물을 들고 전력 달리기를 해보아 그 관성 질량을 측정해야 할지도 모른다. 등가원리equivalence principle가 아니었다면 정말로 이렇게 하고 있었을지도 모른다.

선험적으로 생각하면 중력 질량과 관성 질량이 2개의 독립적인 개념으로 보인다. 마치 물체의 전하가 그 관성 질량 혹은 색깔과는 독립적인 속성인 것처럼 말이다. 이들은 한마디로 완전히 별개인 물리적 속성이다. 하지만 지금까지 지구와 태양계 곳곳에서 수행된 실험들은 모두 동일한 결론을 가리키고 있다. 모든 물질에서 관성 질량과 중력 질량은 최고 10^{-15}의 정밀도 안에서 동일하다.* 관성 질량과 중력 질량은 의미에서는 차이가 있어도 완전히 동일한 것으로 취급할 수 있다. 아인슈타인의 통찰이 빛나는 이유는 이것을 단순한 우연으로 치부하지 않았다는 점이다. 그는 이런 등가성이 중력이론의 한 기둥이라는 사실을 알아냈다. 이것을 지금은 등가원리라 부른다.

실용적인 수준에서 보면 등가원리는 질량의 한 개념을 다른 개념으로 대체할 수 있음을 암시한다. 개념적으로 엄밀하게 따지면 체중계는 우리의 중력 질량만을 측정해주지만, 체중을 잼으로써 자신의 관성 질량을 추론할 수 있다. 덕분에 공항 체크인 과정이 덜 혼잡해지기도 했지만 이는 훨씬 심오한 의미를 함축하고 있다. 우선, 관성 질량과 중력 질량 사이에 등가성이 성립하면 이 두 양이 중력에 반응할 때 서로를 상쇄한다. 예를 들어 달에서(혹은 공기의 마찰을 무시하고 지구 위에서) 망치와 깃털을 떨어뜨리면 망치가 중력의 인력을 더 강하게 느끼겠지만 관성도 크다. 반면 깃털은 중력의 인력을 약하게 느끼겠지만 관성 역시 작다. 그래서 깃털이 중력에 더 효율적으로 반응한다. 등가원리에 따르면 중력 질량의 효과와 관성 질량의 효과가 서로를 상쇄하기 때문에 망치와 깃털은 정

---

* 바꿔 말하면 어떤 물체의 관성 질량이 정확히 1킬로그램일 때 그 중력 질량은 0.99999999 9999999킬로그램과 1.000000000000001킬로그램 사이여야 한다는 의미다. 지금까지 진행된 모든 실험과 관찰은 관성 질량과 중력 질량이 항상 정확히 일치함을 암시한다.

확히 같은 속도로 땅에 떨어진다. 우리도 마찬가지다!

아인슈타인의 놀라운 업적은 이런 질량의 등가성이 의미하는 바가 곧 중력(중력 질량과 관련)이 결국에는 운동(관성 질량과 관련)과 연관되어야 한다는 것임을 깨달은 것이다. 이것이 결국 뉴턴의 중력에 마침표를 찍고, 중력에 대한 훨씬 더 근본적인 기술, 즉 시공간의 곡률이라는 과학 역사상 가장 위대한 개념적 도약의 탄생으로 이어졌다.

빛의 속도가 보편적이고 중력의 성질 역시 보편적인 것은 그냥 우연이 아니다. 이는 가장 근본적인 수준에서 자연이 완벽하게 대칭적이고 보편적임을 보여주는 첫 번째 신호이다. 이러한 보편성을 인식하는 것은 물리학의 새로운 층을 드러낼 기회를 제공하며, 지식 구조에 작은 균열을 일으켜 현실을 이해하는 새로운 길을 드러나게 해준다. 이 틈 속에서 우리는 아인슈타인의 일반상대성이론을 만나게 될 것이다. 그리고 이 간극을 더 깊이 파고들수록 일반상대성이론을 근본적으로 위협하는 새로운 도전이 나타날 것이다.

2장

시공간의
곡률과 중력

우리는 곧게 살아왔다

어린 시절부터 어른이 되어서까지 대륙과 문화를 오가며 끝없는 떠돌이 생활을 하다 보니 누군가 새로운 사람을 만나면 필연적으로 제일 먼저 받는 질문이 있다. 나와 딸이 어디 출신이냐는 것이다. 이 질문을 들을 때마다 웃지 않을 수 없다. 너무도 단순한 질문에 단순하게 대답할 준비가 되어 있지 않은 내 모습이 살짝 민망하기 때문이다. 하지만 내게 이는 결코 쉬운 문제가 아니다. 미국계-영국계-캐나다계-스위스인인 우리 딸들은 보통 "여기저기 다예요"라는 대답으로 상대방을 살짝 당황스럽게 만든다. 그 사람들은 우리가 어디 출신인지 지도 위 한 군데로 못을 박고 싶어 하지만 그게 가능하지 않다. 물론 내 마음 한구석에도 더 구체적으로 찍어서 말해주고 싶은 소망이 없지는 않다. 나도 내가 태어난 곳과 지금 있는 곳 사이를 간단하게 딱 한 줄로 그어서 설명하고 싶다.

열 살이 되던 해 나는 부모님 그리고 네 명의 형제자매와 함께 스위스에서 마다가스카르로 이사했다. 지난 몇 년 동안 내가 알고 지낸 모든 사람과 모든 것을 뒤로 한 채 취리히에서 마다가스카르의 수도인 안타나나리보로 향하는 야간 비행기 안에서 나는 조용히 우리를 뒤따라오는 달을 보며 감탄했다. 착륙하고 나자 앞으로 펼쳐질 새로운 삶, 새로운 모험에 대한 흥분과 함께 한 가지 사실이 분명해졌다. 내 존재 전체는 시간과 공간 속에서 벌어지는 사건들의 조각에 불과하며, 그 조각을 잇는 것은 나에게 달려 있다는 사실이었다. 하지만 머지않아 나는 깨닫게 됐다. 이 사건들이 곁에서 보면 모두 빌새의 단절된 이야기처럼 보이겠지만, 안에서 보면 내 삶이 걸어온 궤적과 내가 선택한 이야기를 통해 연결되어 있다는 것이었다. 추락하기도 하고 날아오르기도 하며, 존재라는 복잡한 다양체를 곧게 헤쳐 나가는 화살처럼 말이다.

이 여정 내내 달, 사실 하늘 전체가 내 충실한 동반자가 되어주었다. 내가 어디에 있든 항상 그들에게 가족처럼 의지할 수 있음을 나는 알고 있었다. 세월이 흐르면서 자연스럽게, 그들에게 더 가까이 다가가고, 그들을 이해하고, 이번에는 내가 그들의 곁에 있어주고픈 욕망이 점점 자라났다. 그들은 나의 꿈이 되었고, 어쩌면 내가 도달하고 싶은 목표가 되었는지도 모른다. 이 열망이 내 여정의 모든 발걸음을 규정했다. 나는 기억이 닿는 머나먼 순간부터 하늘을 탐험하고 우주비행사가 되는 꿈을 꾸었다. 그리고 그 꿈은 스쳐

가는 공상이 아니라 그 후로 몇십 년간 내가 직업을 정할 때마다 나침반 역할을 했다. 하늘에 대한 열정을 좇으면서 나는 전 세계를 돌아다니게 됐다. 석사학위를 받기 위해 안타나나리보에서 로잔으로 갔고, 또 다른 학위를 위해 다시 파리공과대학교로 갔다가 캘리포니아에 있는 NASA의 제트추진연구소Jet Propulsion Laboratory로, 그리고 다시 스위스로 돌아갔다가 이론우주론 박사학위를 받기 위해 영국의 케임브리지대학교로 갔다. 그 뒤로 나는 몬트리올, 워털루, 제네바, 클리블랜드, 그리고 마침내 런던에 살게 됐으며, 케이프타운에서 도쿄에 이르기까지, 그리고 에콰도르의 수도 키토와 인도네시아 롬복에서 프린스턴에 이르기까지 전 세계 곳곳에 머물렀다.

모르는 사람에게는, 몇 년, 심지어 몇 달마다 새로운 나라를 찾아 옮겨 다니는 모습이 마치 방향도 없이 이리저리 전전하며 불확실한 경력을 살고 있는 것처럼 보일 수도 있다. 하지만 어쩌면 나에게는 이것이 우주 탐구라는 소망을 좇는 가장 직선적인 길이었는지도 모른다. 돌이켜보면, 직선으로 뻗어 있는 세상에서 구불구불한 길을 따라 살아가고 있는 것이 아니었다. 우리 모두 자신이 살고 있는 이 휘어진 실재에 끊임없이 적응하며 가장 곧게 뻗은 궤적을 따라 살아가고 있는 것이었다. 그렇게 자유낙하하듯 살아가면서 만나는 다양한 사건들을 한데 연결하는 독특한 방식 때문에 우리의 인생 궤적이 그리도 특별하고 소중해지는 것이다.

자유낙하의 꿈

세계를 이리저리 돌아다니는 나의 여정에는 꼬인 길이 많았지만, 나는 우주로 나가 무중력 상태를 경험하고, '자유낙하하는 관찰자'로서의 궤적을 그리는 상상을 한 번도 멈춰본 적이 없다. 사람들은 우주에서의 무중력 상태를 중력이 전혀 없는 상태라고 생각하는데 그렇지 않다. 운 좋게 우주로 나가서 날고 있는 사람이라도 중력의 보편적 인력으로부터 탈출할 방법은 없다. 사실 태양계를 비롯해 천문학적으로 무거운 어떤 물체에 충분히 가까이 있는 한 아무리 많은 돈을 들이고, 어떤 최첨단 기술을 동원해도 중력의 끊임없는 인력을 멈추거나 막을 방법은 없다. 지구나 태양 그리고 우리은하군의 중력에서 자유로워지려면 가장 가까운 우주 공허cosmic void 한가운데로 이동해야 한다. 그러려면 (최소한) 몇백만 년 동안 먼 우주로 나가서 주변 거대 은하로부터의 중력이 최대한 작아지는 환경을 찾아야 할 것이다. 하지만 시간이 너무 오래 걸리지 않나 싶다면 무중력과 비슷한 감각을 더 손쉽게 즐길 방법이 있다. 바로 중력에 몸을 내맡기고, 자유낙하하면서 중력과 완전한 조화를 이루는 것이다. 무중력과 자유낙하는 비슷한 감각을 선사한다. 사실상 인간이 무중력의 느낌을 경험할 방법은 자유낙하밖에 없다.

두 발을 땅에 든든히 딛고 있든, 허공을 가로지르며 스카이다이빙을 하든, 국제우주정거장을 타고 지구 궤도를 돌든, 우리 몸에서 질량이나 무게가 사라지는 일은 절대 없다. 다만 아무런 방해 없이 자유낙하를 하면 무중력의 느낌을 받을 수 있다. 다이빙보드에서 점프를 한다고 상상해보자. 그럼 1~2초 정도는 거의 완벽에 가까운 무중력 상태를 경험할 수 있다. 다시 두 번째 점프를 할 때는 눈을 감아 정신을 산만하게 하는 외부의 자극을 모두 차단하고 그 순간을 음미해보자. 자유낙하가 이루어지는 그 짧은 순간 동안 자신이 지표면을 향해 떨어지고 있다는 사실을 알 수 있을까? 혹시 우주 탐사 중에 새로 발견된 거주 가능 행성의 표면으로 떨어지며 낙하산이 열리기를 기다리는 중이 아닐까? 혹은 지구 궤도를 도는 우주정거장에 탄 상태에서 가속 운동으로 지구의 중력을 상쇄하고 있는 중이 아닐까? 아니면 지금 완전히 외딴 우주 공간에 홀로 떠 있는 상태인지도 모른다. 오래되고 텅 비고 평탄한 우주 안에서 어떤 행성이나 항성으로부터도 너무 멀리 떨어져 있어서 중력의 끌림이 완전히 사라진 상태인지도 모른다. 이 짧은 자유낙하의 순간 동안에는 자신이 이 중 어느 상태에 있는지 구분하기가 불가능하다. 자유낙하의 느낌은 지구의 중력도 없고, 다른 관성력도 존재하지 않는 상태에서 받는 느낌과 동일하다. 그래서 자신이 완벽한 무중력 환경에 있다고 착각할 수 있다.

중력장gravitational field 안에서 자유낙하를 하며 가속하는 것과 중력이 없는 상태에서 정지해 있는 것이 똑같이 느껴진다는 사실은 1장에서 본 관성 질량과 중력 질량의 등가원리에서 직접 비롯되는 결과다. 이것을 서로 다르지만 관련이 있는 방식으로 고쳐 말할

중력이라는 아름다움

수 있다. 중력의 영향 아래 정지한 배의 선실에 갇혀 있는 관찰자는 중력의 영향이 전혀 없는 텅 빈 우주에서 꾸준하게 가속하고 있는 배의 선실에 갇혀 있는 관찰자와 동일한 경험을 하게 된다.[*] 가속에 의해 발생하는 관성력이 인공 중력처럼 작용하는 것이다.

나는 꿈속에서 어린 시절 아마존의 해먹에서 몸을 흔들던 놀랍도록 고요한 순간으로 돌아가서 잠시 공간, 시간, 중력에서 자유롭게 벗어나 떠다니는 느낌을 받곤 한다. 그러다 끈질기게 나를 땅바닥으로, 현실로 잡아끄는 중력 때문에 깬다. 아니, 그게 과연 중력일까? 다시 눈을 감고 내 몸을 떠받치고 있는 물체로부터 느껴지는 압력에 주의를 기울여본다. 그것이 해먹의 끈이든, 의자든, 물구나무서기한 손바닥을 받쳐주는 마룻바닥이든 말이다. 우리가 경험하고 있는 그 압력이 정말 우리를 잡아끄는 지구의 중력에서 온 것이라고 어떻게 확신할 수 있을까? 눈을 감은 상태에서 우리가 사실은 텅 빈 우주 공간에 나와 있고, 우리가 느끼는 그 감각은 일정한 가속도로 우리를 밀어붙이고 있는 우주 로켓이 만들어낸 결과가 아니라고 확신할 수 있을까? 혹은 우리가 지구 중력의 느낌을 인위적으로 정교하게 시뮬레이션하기 위해 스스로 자전하고 있는 우주 시설에 나와 있는 것이 아니라고 확신할 수 있을까? 그 대답은 한마디로 '아니오'다. 개인적인 경험만으로는 이 천차만별

---

[*] 하지만 무중력 상태에서 떠다니는 것이 지겨워진 관찰자가 커피콩 여러 개를 자유낙하시키고 서로의 운동을 비교해보겠다고 하면 이 진술은 더 이상 유효하지 않다. 3장에서 보겠지만 공간 속의 여러 지점을 비교해보면 중력에 관해 무언가 알아낼 수 있다.

의 시나리오 사이에서 어떤 차이도 느낄 수 없을 것이다.

1장에서 보았듯이 중력 그리고 (전자기 같은) 다른 힘의 핵심적인 차이는 중력이 세상 만물, 세상 모든 사람에게 정확히 동일한 방식으로 영향을 미친다는 것이다. 당신이 국제우주정거장에 들어 있는 산소 원자 하나든, 우주비행사든, 빛 그 자체든 중력이 당신에게 미치는 영향은 동일하다. 그리고 국소적으로는 가속 기준틀accelerating frame of reference로 전환하는 것만으로도 세상 만물과 모든 이에게 정확히 동일한 방식으로 중력의 효과를 모방할 수 있다. 하지만 단순히 가속 기준틀로 '관점을 바꾸는' 것만으로 중력의 효과를 손쉽게 제거하거나 재현할 수 있다면 어떻게 중력을 진정한 힘이라 생각할 수 있을까?

어떤 사람은 중력이라고 하면 지표면을 향해 떨어지다가 뉴턴의 머리에 부딪히는 사과의 이미지를 떠올린다. 어떤 사람은 지구 궤도를 도는 우주비행사의 이미지를 떠올린다. 지표면을 향해 자유롭게 떨어지는 사과든, 지구 궤도를 도는 우주비행사든, 결국은 낙하하고 있다. 그리고 낙하하는 동안에는 지구의 중력장을 따라 움직이게 된다. 하지만 낙하하는 동안에는 매 순간 완전한 무중력 상태의 느낌을 경험하게 된다. 즉, 매 지점, 매 순간 자신에게 국소적으로 일어나는 현상을 마치 중력이 존재하지 않는 상태인 것처럼 기술할 수 있다는 얘기다. 그럼 궁극적으로 중력은 어디서 어떻게 자신의 존재를 드러내는 것일까? 그 대답은 간단하다. 중력은 이 공간과 시간 속의 서로 다른 지점들이 서로 연결되는 순간에 자신의 존재를 드러낸다. 앞에서 보았듯이 국소적으로는 중력이 무의미하기 때문에 중력은 국소 영역 사이의 연결을 통해서만 자신을 드러낼 수 있다. 중력은 시간과 공간의 조각을 하나로 연결하는 실이다. 중력을 시공간이라는 천fabric, 즉 구조 자체와 밀접하게 관련된 존재로 생각할 수 있다는 것도 이런 의미에서 하는 말이다.

시공간의 천 속에 들어 있는 다양한 천 조각들이 직접적으로 곧게 연결되어 있다면 우리가 살고 있는 '다양체manifold'는 평평할 것이다.* 하지만 그 천 위에 아주 작은 티끌이든, 가장 작은 입자든, 질량의 유무와 상관없이, 어떤 형태의 에너지, 심지어 압력 등 무엇이라도 존재하는 순간 이 천은 휜다. 누더기 담요를 누르면 그 천의 다양한 누더기 조각을 하나로 연결하고 있는 실의 장력에 영향이 가는 것처럼, 시공간 연속체spacetime continuum에 그 무엇이라도 존재하게 되면 다양한 지점 사이의 연결이 바뀌며 다양체에 영향을 미치게 되며, 그 과정에서 시간과 공간의 구조 자체가 휘어지며 곡률을 만들어낸다. 물질이든 비물질이든 모든 대상은 이 곡률을 통해 자기 주변으로 중력장을 만들어내어 자신의 존재를 나머지 우주에 알리게 된다.

시공간의 천은 종종 탄력 있는 트램펄린의 표면으로 비유되곤 한다. 중간에 무거운 공을 갖다 놓으면 표면이 아래로 처지면서 매

---

* 다양체는 매끄러운 [시]공간 기하학이다. 이것은 지구의 표면처럼 면일 수도 있지만, 우리가 지금 여기 살고 있는 우주처럼 3차원 공간일 수도 있고, 심지어 4차원 시공간일 수도 있다.

트 위에 있던 다른 물체들이 그쪽으로 움직이게 될 것이다. 이런 비유가 중력을 시각적으로 이해하는 데 도움이 되기는 하지만 몇 가지 이유로 결함을 안고 있다. 우선 우리는 그냥 휘어진 공간만이 아니라 휘어진 시공간 기하학을 상상할 필요가 있다. 물리학에서 나온 가장 흥미로운 통찰 중에는 공간을 시간과 연결하는 미묘한 방식에서 나온 것이 많다(앞에서 빛의 속도에 대해 설명한 내용도 그렇고, 뒤에서 살펴볼 내용도 마찬가지다). 따라서 시공간이 아니라 공간에 대해서만 생각하면 중력의 본질에서 큰 부분을 놓치게 된다. 수면에서만 살아가는 소금쟁이는 물고기가 어떻게 깊은 물속에서 헤엄칠 수 있는지 결코 이해할 수 없다. 마찬가지로 휘어진 공간만을 탐구하는 과학은 시공간 기하학에서 일어나는 수많은 현상들을 놓치게 된다.

조금 더 문제가 되는 부분은 트램펄린 비유는 그 곡률이 다른 차원 안에 내재된 것처럼 표상한다는 점이다. 트램펄린의 표면은 2차원인데 이 비유에서는 그 면의 곡률을 표현하기 위해 또 하나의 차원, 즉 트램펄린의 수직 방향을 사용한다. 하지만 시공간의 곡률을 다룰 때는 자기 자신 안에서 휘어진다고 상상해야지, 다른 공간 안에서 휘어진다고 상상하면 안 된다.

마지막으로 공이 트램펄린의 표면을 휘게 할 때 다른 물체들이 중심에 있는 공을 향해 움직이는 이유는 공 그 자체에 이끌리기 때문이 아니다(물론 공의 중력이 약간은 작용하겠지만 완전히 무시해도 좋을 수준이다). 오히려 이 물체들은 지구의 중력에 끌리고 있으며, 공에 더 가까이 감으로써 지구에 더 가까워질 수 있기 때문에 움직이고 있을 뿐이다. 이런 미묘한 문제점을 보면 인간이 아직 자연을 4차원 시공간의 눈과 귀로 지각할 수 있는 능력을 진화시키지 못했음을 알 수 있다. 하지만 다행히도 우리의 상상력과 창의력에 약간의 수학적 기술을 결합하면 우리 신체 감각 너머의 세상을 보는 데 도움이 된다.

지구의 시간, 달의 시간

사실 우리 사회는 우리가 살고 있는 시공간의 곡률이 갖는 함축적 의미에 너무 길들어 있어서 그것을 무시하고는 더 이상 제대로 기능할 수 없는 지경에 이르렀다. 그랬다가는 말 그대로 길을 잃고 말 것이다. 대부분의 사람은 평생 지구 표면에 묶여서 살아갈 운명이지만(어쩌다 가끔 9킬로미터 정도의 고도로 날아가는 일도 있겠지만) 우리의 일상생활은 지구 궤도를 도는 위성의 도움에 지속적으로 의존하고 있다. 이런 위성들이 제대로 작동하기 위해서는 우리가 이 서로 다른 지점에서 경험하는 시간의 흐름에서 나타나는 미묘한 차이를 고려해야 한다. 그리고 이런 시간의 흐름 자체도 시공간의 국소적 곡률에 좌우된다.

아폴로 15호의 사령관 데이비드 스콧이 깃털과 망치를 달 표면에서 떨어뜨리는 장면으로 돌아가보자. 만약 스콧이 달에서 입지가 정말 좋은 부동산을 발견해서 포기하기 싫었는지 달에 100년 동안 머물기로 했다고 해보자. 그에게는 100년으로 느껴지는 시간이 지구에 있는 사람들에게는 살짝 짧게 느껴질 것이다. 정확히는 약 2초 정도 짧아진다. 바꿔 말하면 시계가 지구 표면보다 달 표면 위에서 아주 살짝 빠르게 흐르는 것이다. 그 이유는 간단하다. 우리가 지구 표면에서 경험하는 시공간 곡률이 달 표면보다 더 강하고, 이런 시공간 곡률이 시간을 지각하는 데 영향을 미치기 때문이다. 같은 이유로 목성에서 보내는 100년이 지구에서는 100년에 1분이 추가된 시간으로 느껴진다. 목성 표면보다 지구 표면에서 조금 더 빠르게 나이를 먹는 셈이다.

태양계 안에서 이런 시간의 흐름 차이는 언뜻 아주 미미해 보인다. 이런 효과는 블랙홀 근처에서 1분 정도 보내고 지구로 돌아와 보니 그 사이에 몇백 년이 흘렀더라는 식의 SF 시나리오에서나 흥미를 끌 수 있다. 하지만 이런 효과는 그저 SF만의 이야기가 아니다. 우리 일상생활 어디에서나 나타나고 있다. 예를 들어 우리가 지구 표면에서 하루 24시간을 보내는 동안 약 2만 킬로미터 상공을 도는 GPS 위성은 24시간보다 아주, 아주 살짝 짧아진 시간을 경험한다. 정확히는 38마이크로초, 즉 0.000038초 짧아진다.* 당연

---

* 여기에는 두 가지 서로 다른 효과가 작용한다. 하나는 특수상대성이론에서 나오는 것이고, 또 하나는 일반상대성이론에서 나오는 것이다. 인공위성의 운동 때문에 GPS 시계는 7마이크로초 느려지는 반면, 우리가 지구 표면에서 느끼는 더 강한 중력 때문에 우리 시계는 인공위성에 비해 45마이크로초까지 빨라진다. 그래서 45-7=38마이크로초의 차이가 나는 것이다

한 얘기지만 사람은 이런 작은 시간 차이를 감지할 수 있을 정도로 민감하지 않다. 하지만 빛은 다르다! 38마이크로초면 빛이 11킬로미터 넘게 움직일 수 있는 시간이다. 위성과 지구 사이의 시공간 곡률 차이가 미치는 영향을 고려하지 않으면 GPS 장치가 제공하는 위치 정보에 매일 수십 킬로미터씩 오차가 생길 것이다.

우리가 살고 있는 시공간 기하학을 제대로 이해하지 않으면 우리는 종이 지도를 사용하는 훨씬 조용한 세상으로 돌아가게 될 것이다. 지구 곳곳의 사람들이 화면을 통해 만나는 가상회의도 SF에나 등장하는 이야기가 될 것이다. 인생이라는 휘어진 다양체를 곧게 가로지르는 여정을 이어가는 동안에는 시공간의 곡률이 가장 단순한 여행에서조차 얼마나 중요한지 기억해야 한다.

휘어진 시공간 속의 직선

이론물리학자의 연구는 종종 고독한 모험으로 묘사된다. 살짝 헝클어진 머리에 슬리퍼를 신고 책상에 앉아 논문을 뒤적거리다가 가끔 자리에서 일어나 칠판에 이해할 수 없는 기호를 끼적거리면서 마찬가지로 이해할 수 없는 수학적 주문을 웅얼거리는 모습 말이다. 나는 이런 이미지가 우리 물리학자들이 번뇌를 쫓아낼 목적으로 자기도 모르게 무의식적으로 만들어낸 것인지, 아니면 물리학자가 하는 일을 제대로 이해하지 못하는 사람들이 만들어낸 산물인지 구분하지 못하겠다. 어떤 경우든 이런 묘사는 현실과 동떨어져도 너무 동떨어져 있다. 창의적인 연구를 통해 과학적 성공을 거두기 위해서는 소통, 브레인스토밍, 아이디어의 교환이 필수적이다. 물리학자로서 나는 내 연구 아이디어를 동료들과 공유하기 위해 전 세계를 돌아다닌다. 그럼 동료들은 내 제안을 진지하게 고민하기도 하고, 의문을 제기하기도 하고, 심지어는 조롱할 때도 있다. 대부분 이런 과정은 나 스스로 내 가설을 하나하나 수정하고, 가다듬고, 재고하는 데 도움이 된다. 그러다 결국에는 그 아이디어를 버리고 더 나은 통찰을 바탕으로 처음부터 다시 시작하는 경우가 많다. 과학에서의 진정한 진보는 거의 항상 어렵게 얻어지며, 마음이 약한 사람은 감당하기 힘든 거칠고 험난한 과정이다.

이것은 여행을 좋아하지 않는 사람에게도 적합하지 않은 일이다. 첫딸이 태어났을 때쯤 나는 전 세계를 돌아다니며 동료들과 소통하는 것이 일상이 됐고, 머지않아 이것이 내 딸의 일상으로도 자리 잡았다. 내 딸은 첫 생일을 맞이하기도 전에 51번의 비행을 하며 나와 함께 다양한 과학적 교류를 했다. 내 딸의 입장에서는 세상의 곡률을 탐구하는 것이 숨을 쉬는 것만큼이나 자연스럽게 느껴졌을 것이다. 이렇게 비행기를 타고 다니면서 대기 중에 쏟아낸 탄소를 생각하면 자랑스럽다고 말하기는 힘들다. 지금이라면 분명 다른 선택을 했을 것이다. 하지만 나는 이 여행을 통해 나와 내 딸이 키울 수 있었던 세계적인 관점을 항상 소중히 여길 것이고, 이런 측면이 앞으로도 계속 간직될 수 있기를 바란다.

이런 여행을 통해 실재의 휘어진 구조 안에서 길을 찾는 법에 대한 통찰도 얻을 수 있었다. 지구 표면의 어느 한 지점에 서 있으면 지구가 평평한 것 같은 인상을 받는다. 이것이 착각임을 우리는 알고 있다. 충분히 멀리 떨어져서 보면 분명해진다. 하지만 어디에 있든 우리는 항상 자신의 시점을 적응시켜 국소적으로 공간이 평평해 보이게 만들 수 있다. 곡률은 표면 위의 서로 다른 지점이 어떻게 얽히고 연결되어 있는지 설명할 때가 되어야 생명을 얻는다. 지구의 둥근 곡면을 따라 이동하며 지구 위 서로 다른 지점을 잇는 경로를 추적할 때 비로소 곡률은 그 모습을 드러내며 의미를 갖게 된다.

지구가 평평하지 않고 둥글다는 개념은 2000년도 더 전에 등장했다. 이집트의 도시 알렉산드리아에 머물고 있던 고대 그리스의 수학자 에라토스테네스Eratosthenes는 알렉산드리아에서 생기는 그림자를 약 784킬로미터 남쪽, 정확히 북회귀선 위에 자리 잡은 도시 시에네에서 관찰한 그림자와 비교해보았다. 예를 들어 하지의 한낮에 시에네의 태양은 시민들의 머리 바로 위에 떠 있다. 정확히 이 시점에는 햇빛이 시에네의 우물 바닥까지 곧장 내려 비치기 때문에 시민들은 우물 깊이 있는 물 표면에서 반짝이며 일렁이는 햇빛을 볼 수 있었다. 어쨌든 에라토스테네스가 들은 바로는 그랬다. 하지만 알렉산드리아에서는 이런 일이 일어나지 않았다. 대신 에라토스테네스는 그와 같은 시간에 알렉산드리아에서 햇빛이 7도의 각도로 지면에 비치는 것을 관찰했다. 이 관찰로부터 그는 지구의 곡률을 훌륭하게 추정해낼 수 있었다. 이는 서로 다른 지점 사이에 소통이 이루어질 때 어떻게 곡률이 드러나는지 보여주는 훌륭한 사례다.[*]

지구의 곡률은 우물 바닥까지 빛이 들어가는 것에만 영향을 미치지 않는다. 지구의 표면을 가로지르는 방식에도 영향을 미친다. 예를 들어 내가 잠시 살았던 페루의 리마에서 마다가스카르 북쪽 끝까지 곧바로 간다고 상상해보자(그림 2-1). 리마와 마다가스카르 북쪽 끝은 거의 동일한 위도(남위 약 11.5도)에 위치한다. 마다가스카르 북쪽 끝은 리마에서 동쪽으로 1만 3000킬로미터 정도 떨어져 있다. 리마에서 마다가스카르행 비행기에 탑승한다고 가정해보자. 흔히 동쪽으로 직선 경로를 설정해서 가면 된다고 순진하게 생각하기 쉽다. 하지만 그렇게 하는 것은 세상이 어떻게 맞물려 돌아가는지 잘 이해하지 못해서 나오는 생각이다. 지구의 표면은 휘어 있기 때문에 곧장 동쪽으로 경로를 잡는 것이 가장 직접적인 경로가 아닐뿐더러 두 지점을 연결하는 최단 경로도 아니다. 경로를 그렇게 잡으면 필요 이상으로 경로가 길어질 뿐 아니라 조종사가 순

---

[*]   시에나는 알렉산드리아와 거의 비슷한 경도에서 784킬로미터 남쪽에 있다. 만약 지구가 평평했다면 햇빛이 두 도시를 같은 각도로 비추었을 것이고, 두 장소 모두에서 같은 물체라면 그림자의 모양도 같았을 것이다. 에라토스테네스는 두 도시에 비치는 햇빛에 7도의 각도 차이가 있는 것을 보고, 지구가 분명 휘어져 있다고 연역했다. 따라서 지구의 반경 R은 분명 784km/tan 7°가 되어야 하고, 이것은 대략 6385킬로미터에 해당한다. 지구의 실제 반경은 6371킬로미터. 2000년 전의 지혜임을 감안하면 놀라울 정도로 정확한 값이다. 이런 각도 차이가 현재 우리가 지구상의 위치를 나타내는 방식에도 정확하게 반영되어 있다. 알렉산드리아는 북위 31도이고, 시에나는 북위 24도로, 알렉산드리아보다 정확히 남쪽으로 7도 아래 있다.

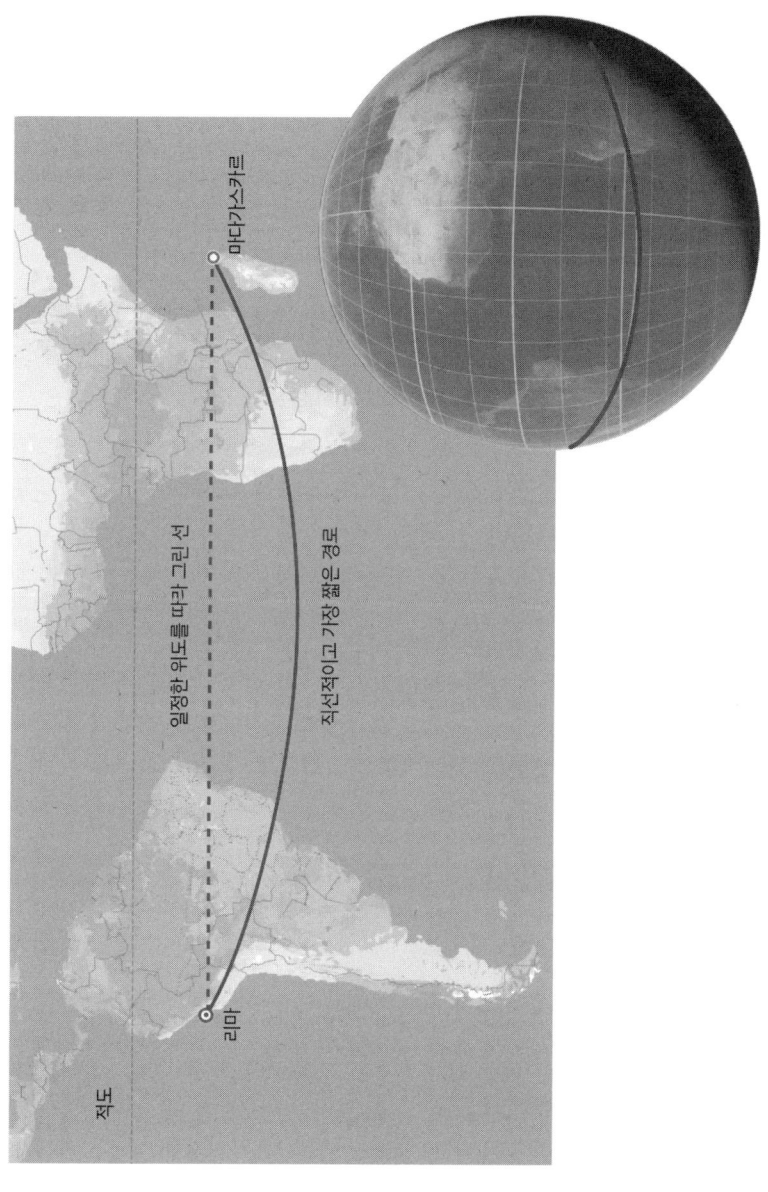

그림 2-1 | 리마와 마다가스카르 사이를 가로지르는 직선

수하게 동쪽으로 향하는 항로를 유지하기 위해 비행기의 방향을 계속 다시 잡아주어야 한다. 제대로 된 조종사라면 먼저 경로의 절반 정도는 남동쪽 궤적으로 설정할 것이다. 그러면 경로를 바꾸지 않아도 나머지 절반의 경로에서는 비행기가 자연스럽게 북동쪽을 따르게 될 것이다(바람의 방해가 없고 관련된 다른 방해 요인도 없다고 가정할 때). 이렇게 궤적을 잡으면 지구 표면을 투영한 지도에서 원호처럼 보이는 곡선 경로로 나타나지만, 사실은 이것이 두 장소를 연결하는 가장 '직선적인' 경로다.

휘어진 공간에서 두 지점 사이를 연결하는 직선은 한마디로 거리가 가장 짧은 구간이다. 그리고 어떤 힘이 우리를 경로에서 이탈시키지 않는 한 우리가 자연스럽게 따르게 되는 궤적이기도 하다. 실제로 두 점 사이의 최단 경로를 찾아 연결하고, 일단 그 방향으로 나가기 시작하면 자연히 목적지에 도달할 수밖에 없다. 다른 길로 벗어나 봤자 여정만 더 길어질 뿐이다. 페루에서 마다가스카르까지 가고, 우주비행사가 되겠다는 꿈에서 물리학을 연구하는 꿈까지 가는 등 나의 여정 대부분에서 그랬듯이, 휘어진 실재를 따라가로지르는 직선은 항상 가장 직접적인 경로다. 당장에는 그렇게 보이지 않을지라도 말이다.

우리는 직선이라고 하면 본능적으로 평평한 종이 위에 자를 대고 쭉 그은 선을 생각하게 된다. 하지만 이번에도 역시 자연은 우리가 상상했던 것보다 훨씬 더 창의적임을 스스로 증명한다. 태양을 공전하는 행성들이 도는 타원형 비슷한 궤적은 평평한 공간에

중력이라는 아름다움

그려진 직선과 전혀 닮지 않았다. 그래야 할 이유도 없다. 결국 태양계는 평평한 공간이 아니며, 평평한 시공간도 아니다. 태양이라는 존재 때문에 그리고 어느 정도는 태양계 내 다른 행성의 존재와 먼지 그리고 암흑물질의 존재 때문에 시공간은 가차 없이 휘어진다. 태양은 그 어마어마한 질량 때문에 태양계의 행성이 느끼는 곡률에 가장 크게 영향을 미친다. 행성의 타원형 같은 공전 궤도 역시 바로 이 시공간 곡률이 만들어내는 효과다(적어도 평평한 종이 위에 행성의 공전 궤도를 투영하면 타원형으로 보인다). 물론 실제로 행성이 존재하는 휘어진 시공간이라는 맥락 안에서 바라보면 이 궤적은 최대한 직선에 가깝다. 행성의 관점에서 보나, 지구에 사는 우리 자신의 관점에서 보나, 태양계를 자유롭게 항해하는 모든 것은 자신만의 직선 경로를 따라 멈추지도, 미끄러지지도, 방향을 바꾸지도 않은 채 곧장 나아간다. 태양계가 태어난 순간부터, 우리가 이 행성에 태어난 순간부터, 곡선 공간 속에서 우리가 앞으로 나아갈 길은 이 휘어진 공간 속의 직선 하나뿐이다.

3장

중력파와
우주의 비밀

우주를 향한 꿈

우리 어머니는 내가 도로 한가운데를 따라 걷기로 마음먹었으면 나를 도로에서 빼내오느니 차라리 도로를 움직이는 편이 더 쉬울 거라고 농담하곤 하셨다. 지금은 나의 네 살배기 딸이 그런 고집을 보인다. 가끔은 아이의 내면에 자리 잡은 열정에 강력한 생존본능이 함께했으면 하는 마음이 굴뚝같다. 계단 난간 위에서 균형을 잡으면서 직접 중력을 실험해보려고 들 때는 특히 그렇다. 하지만 이런 열정이 결국에는 아이에게 큰 도움이 될 것을 알고 있다. 돌아보면 우주비행사가 되겠다는 내 열망은 처음부터 거의 실현 불가능한 목표였다. 무엇보다 1992년 유럽우주국European Space Agency(ESA)에서 2만 2000명의 지원자 중에 겨우 6명의 우주비행사를 뽑은 것만 봐도 그랬다. 하지만 나는 일단 열망에 불이 붙기만 하면 금세

　　　　　　　　　　　　　　　　　　중력이라는 아름다움

강렬하게 타올랐기 때문에 앞에 놓인 장애물이 오히려 흥미로운 기회로 보이기 시작했다.

우주 임무에 선발되는 소수의 인원 중 한 명이 무조건 될 수 있다고 보장해주는 준비 과정 따위는 존재하지 않았지만, 이런 사실에 좌절할 내가 아니었다. 마다가스카르에서 자란 어린 시절에는 우주에 대해 공부할 수 있는 인터넷, 텔레비전 프로그램, 도서관, 박물관 등에 접근하기가 쉽지 않았다. 하지만 나는 그보다 더 나은 것에 둘러싸여 있었다. 놀라울 정도로 큰 영감을 주는 문화와 지구에서 가장 아름다운 환경이었다. 그리고 매일 밤 지켜보며 생각에 잠길 수 있는 탁 트인 하늘과, 세상을 보는 시야를 넓혀주는 놀라운 생물다양성, 그 안에 들어가 무중력 상태를 실험해볼 수 있는 드넓은 인도양이 있었다. 물속에 들어가면 화려한 색상의 이국적인 생명체들에게 둘러싸였고, 나는 폐 속의 공기 흐름만으로도 간단하게 중력을 조절할 수 있다는 사실에 매료되었다. 나는 스쿠버 강사가 친절하게 나를 받아주자마자 스쿠버 다이빙을 시작했고, 머지않아 완전히 새로운 우주를 발견했다. 그리고 어느 쪽이 위고 어느 쪽이 아래인지 분간할 수 없는 기묘한 느낌도 받아보았다. 결국 나는 이 새로운 환경과 하나 되는 법 그리고 상상할 수 있는 가장 평화로운 실험 중 하나를 즐기는 법을 배웠다.

나는 깊은 바다 속에서 보내는 시간을 즐겼지만, 우주비행사가 되기 위한 최고의 훈련은 분명 파도 아래가 아니라 구름 위에서 이루어져야 한다. 나는 먼저 비행기 조종사가 되어야 했다. 하지만 비행은 값비싼 취미였기 때문에 오랫동안 내 손에 닿지 않는 꿈으로 남았다. 박사후과정 연구원으로 캐나다 온타리오주 워털루에서 일하게 되면서 마침내 비행 교습을 받을 기회가 생겼고, 주머니 사정도 그 비용을 감당할 만한 수준이 됐다. 나는 업무 시작 전에 돌아오기 위해 이른 아침에 영하 20도의 혹독한 캐나다의 겨울을 뚫고 비행 학교로 향하곤 했다. 활주로 위에서 추위에 떨다가도 경비행기가 코를 들며 하늘로 올라 내 아래로 얼어붙은 겨울 풍경이 펼쳐지면 추운 느낌은 눈 녹듯 사라졌다. 나는 단발 엔진 비행기 조종면허를 취득하자마자 동료들을 태우고 미시간호에서 휴런호까지 짧은 구간을 따라 비행하며 에리호 모퉁이에 있는 나이아가라 폭포를 보고 오기 시작했다. 공항으로 가는 길에 우리는 물리학과 관련해서 뜨거운 논쟁을 벌였지만 일단 하늘로 날아오르면 언제 그랬냐는 듯이 논쟁은 기적처럼 사라졌고, 우리의 직업적 관계도 새롭게 열렸다. 아직도 그때를 떠올리면 즐거워진다.

구름에서 내려오면 나는 전업 이론물리학자로서 중력과 우주론을 연구하며 하루하루를 채웠다. 나는 대부분의 시간을 칠판 앞이나 세미나에서 보냈지만, 컴퓨터 화면 앞에서 보내는 시간만으로도 시력이 점점 나빠져서 비행을 하려면 안경이 필요해졌다. 다행히 내 근시 수준은 아직 우주비행사 선발 기준에 부합했지만, 그래도 되도록 위험 요소를 줄이고 싶었다. 그러다 눈의 근육도 다른 근육처럼 적절한 훈련을 통해 단련할 수 있다는 사실을 알게 됐다. 솔직히 나도 처음에는 의심이 들었지만 그 후로 몇 년 동안 나는 매일 조금씩 시간을 내서 눈의 근육을 수축·이완시키는 연습을 꾸준히 했다. 그리고 우주비행사 선발 테스트 시력 검사를 받을 때는 한쪽 눈의 시력을 0.25에서 1.0으로 교정하는 데 성공했다. 덕분에 처음에는 가장 걱정했던 테스트를 아주 가뿐하게 통과했다.

그때는 우주비행사가 되겠다고 마음먹은 열다섯 살 이후 20년이 지났을 때였다. 2007년에 유럽우주국에서 곧 15년 만에 처음으로 우주비행사를 선발할 거라는 소문이 돌기 시작했다. 나의 준비 상태를 한 단계 더 끌어올릴 때가 된 것이다. 나는 과거의 선발 과정을 살펴보면서, 가장 까다로운 부분으로 알려진 심리 및 IQ 테스트가 루프트한자 여객기 조종사들이 받는 테스트에서 영감을 받아 만든 것임을 알게 되었다. 비록 그 테스트 내용을 직접 구해 볼 수는 없었지만, 테스트에서 요구하는 기술이 어떤 것일지 감은 잡을 수 있었다. 그래서 나는 조정력, 공간 지각 능력, 기억력을 연습하고 향상시키는 데 도움이 될 소프트웨어 루틴을 직접 코딩하기로 결심했다. 우주론학자로 일하다 보니 주변에 어떤 프로그램이든 몇 분 만에 뚝딱 만들어낼 수 있는 수학 천재가 많았다. 그러나 아쉽게도 나는 그런 부류에 속하지 않았다. 시간이 걸리긴 했지만, 결국 나는 컴퓨터에서 실행 가능하고 마음대로 수정도 할 수 있는 연습용 프로그램을 손수 만드는 데 성공했다.

나는 선발 과정에서 체력 역시 중요한 요소가 되리라는 것을 알았다. 나는 달리기를 잘한 적이 한 번도 없었고 앞으로도 그럴 일은 없겠지만, 워털루 러닝 동호회에 가입하기로 했다. 이것은 우주비행사가 되려는 내 열망이 얼마나 강한지 보여주는 가장 분명한 신호였을 것이다. 내가 하는 일마다 항상 버팀목이 된 내 파트너 앤드루는 심지어 서리로 뒤덮인 2008년 겨울 캐나다 새해 첫날에 러닝팀에서 주최한 달리기 행사에도 나와 함께해주었다. 체력 훈련에서 비행까지, 시력 훈련에서 루프트한자에 영감을 받아 손수 만든 훈련 프로그램에 이르기까지, 나는 내면 깊은 곳에서 솟아나는 힘을 따라 움직였다. 어떤 목표를 마음에 품으면 거기에 필요한 힘이 내면에서 흘러나온다. 다만 내면을 얼마나 깊이 파고들어가야 그것을 찾을 수 있느냐가 문제일 뿐이다.

중력도 꽤 비슷한 면이 있다. 우리는 중력을 피할 수 없는 현상, 말 그대로 그 안으로 떨어져 들어가는 대상으로 생각한다. 하지만 중력에 그 이상의 것이 들어 있는 것은 아닐까? 지금까지는 중력을 설명할 때 전자기력을 비롯한 다른 자연의 힘과 달리 중력은 우리가 살고 있는 시공간의 기하학이 휘어져서 발현되는 현상에 불과하다고 설명해왔다. 실제로 태양이 어떻게 머나먼 항성에서 오는 빛을 휘는지, 지구가 우리를 지표면에 붙잡아두는 중력의 인력을 어떻게 만들어내는지 등을 고려할 때는 중력을 시공간의 곡률로 설명하는 것이 유용하다. 하지만 이 시공간 구조는 중력이 존재할 수 있게 해주는 자연의 캔버스에 불과하다. 중력에 한 겹 한 겹 더 깊이 들어가다 보면 중력이 자신 안에 실제로 힘을 품고 있음을 알게 될 것이다. 이 힘은 중력의 지배를 받는 물체들의 진화를 고려할 때 비로소 모습을 드러낸다.

중력이라는 아름다움

중력을 느낄 수 있을까?

중력은 어떤 느낌일까? 질문이 무의미하거나, 말이 안 된다고 생각되면 다른 것에서 시작해볼 수도 있다. 중력을 빛으로 대체하면 대답이 분명 더 간단해질 것이다. 원시 세균에서 식물과 동물에 이르기까지 지구상 거의 모든 생명체는 빛을 느끼거나 보는 것에 익숙해지도록 진화했다. 식물의 잎에서는 엽록소가 햇빛을 직접 흡수해서 에너지로 전환할 수 있다. 사람은 눈 뒷면에 있는 망막에서 계속해서 빛을 감지해 뉴런이 처리할 수 있는 의미 있는 전기신호로 전환한다. 우리 피부의 세포들은 우리 몸에 와 닿는 적외선 전자기파의 온기를 느낄 수 있다(이 사실은 2021년 노벨 생리학·의학상 수상으로 이어졌다. 온도 수용체를 발견한 공로로 데이비드 줄리어스David Julius가 공동 수상했다). 연구에 따르면 세균 같이 원시적인 생명체도 빛과 어둠을 구분할 수 있다고 한다.

그럼 미래에는 피부에 숨어 있는 중력 수용체의 발견을 통한 노벨상 수상을 기대해도 될까? 그 해답이 우리 속귀에 들어 있는 안뜰계vestibular system(전정계)에 있지 않을까? 균형감각과 관련된 이 시스템 덕분에 우리는 공간 속에서 자신의 위치를 판단할 수 있다. 아쉽게도 안뜰계가 아무리 잘 조율되어 있더라도 시공간의 통합 구조와 그 곡률을 입증할 수 있을 정도로 민감하지는 못하다. 그 안에 숨어 있는 힘을 느끼지 못하는 것은 말할 것도 없다.

그렇다면 중력의 느낌은 촉각을 담당하는 수용체와 연관되어 있을지도 모른다(촉각 수용체를 발견한 공로로 아뎀 파타푸티안Ardem Patapoutian 도 2021년 노벨 생리학·의학상을 공동 수상했다). 결국 우리가 땅으로 떨어졌을 때 몸에 가해지는 압력이 중력과 본질적인 연관이 있는 것으로 보이기 때문이다. 어린 시절부터 우리는 바닥에 넘어져 멍과 상처가 생기는 경험을 하고, 중력의 느낌을 우리가 바닥에 부딪혔을 때 경험하는 충격과 연관 짓는다. 중력이 우리를 땅바닥으로 가속시키는 역할을 하는 것은 사실이지만, 땅에 떨어졌을 때 생기는 끔찍한 일에 대한 두려움을 제외하면 낙하 그 자체에서 느껴지는 것은 별로 없다. 그저 자유낙하에서 느껴지는 무중력 상태의 느낌만 있을 뿐이다(적어도 공기 저항이 없는 빈 공간에서는 그렇다).

바닥에 떨어졌을 때 느끼는 불쾌한 감각은 어떨까? 이것이 중력일까? 아니다. 그 느낌은 땅바닥의 성질이 단단하다는 사실 및 물리학자 볼프강 파울리Wolfgang Pauli의 양자 배타원리quantum exclusion principle와 관련이 더 깊다. 파울리의 배타원리에 따르면 두 전자는 (혹은 우리 원자의 핵 속에 있는 두 양성자는) 같은 시간에 같은 장소에 존재할 수 없다. 더 정확히 말하면 두 전자는 같은 양자상태quantum state에 존재할 수 없다. 즉, 다른 단단한 물질이 우리의 길을 가로막고 있으면 원래의 궤적을 무한히 이어갈 수 없는 것이다. 땅에 있는 전자와 양성자가 이미 특정 양자상태를 점유하고 있기 때문에 우리 몸의 전자와 양성자가 그것을 그대로 통과하기는 불가능하다. 공간을 공유할 수 없는 이 특성은 우리 몸의 모든 세포를 구성하는 모든 원자의 모든 하부구조에 새겨져 있다. 물질이 안정적

중력이라는 아름다움

으로 유지되고 우리가 땅바닥에 떨어지면 고통스러운 이유는 중력이 아니라 배타원리 때문이다.

그렇다면 어떻게 해야 진정으로 중력을 느낄 수 있을까? 우리가 지금까지 중력에 대해 알아낸 것이 한 가지 있다면 그것은 바로 중력의 신비는 결코 혼자서 밝혀낼 수 있는 것이 아니라는 점이다. 갈릴레오, 뉴턴 그리고 나중에는 아인슈타인이 중력의 신비를 밝히는 과업을 상당 부분 이뤄냈지만, 이들 역시 완전히 혼자서 해낸 것은 아니었다. 마찬가지로 우리 몸에도 단독으로 중력 자체를 감지하고 이해할 수 있는 특정 세포나 맛봉오리, 신경말단 같은 것은 존재하지 않는다. 중력의 느낌을 이해하기 위해서는 공간과 시간 속 다른 지점에서 일어나는 일을 비교해보아야 한다. 지구의 곡률이나 시공간의 곡률도 서로 다른 지점에서 일어나는 일을 비교했을 때만 의미가 있는 것과 마찬가지 원리다.

당신이 이웃과 함께 모험을 떠나기로 하고, 두 사람 모두 같은 방향으로, 정확히 평행하게, 곧장 앞으로 나간다고 상상해보자. 우리가 아무런 곡률도 없는 평평한 공간에 있다면 아무리 멀리 가더라도 두 사람 사이의 거리는 똑같이 유지될 것이다. 하지만 지구 표면은 평평하지 않다. 두 사람이 몇 미터 떨어진 상태에서 같은 방향으로 곧장 앞으로 나가기 시작해도, 지구의 곡률, 그리고 두 사람 사이에 존재하는 공간의 곡률 때문에 두 사람 사이의 거리가 달라지게 된다.

이해하기 쉽도록 두 사람이 적도에서 출발해서 북쪽으로 나아간다고 가정해보자. 〈그림 3-1〉에서 보이듯, 북쪽으로 직진하는 동안 두 사람 사이의 거리는 차츰 줄어들 것이다. 그리고 진북극geo-graphic North Pole(자북극magnetic North Pole이 아님)에 도달하면 말 그대로 둘이 완전히 같은 장소에 서 있게 된다. 물론 파울리의 배타원리 때문에 두 사람이 같은 장소에 서 있지는 못하고, 한 사람이 다른 사람을 위해 자리를 양보하게 되겠지만 말이다. 하지만 여기서 중요한 점은 두 사람이 각각 북쪽으로 곧장 이동했는데도 지구의 휘어진 표면을 따라 이동하는 동안 두 사람 사이의 물리적 거리가 변했다는 점이다.* 당신의 궤적이 당신이 있는 환경의 곡률에 영향을 받기 때문에 두 사람의 경로는 직선이면서도 휘어져 있고, 평행하면서도 서로 만난다.

물론 지구 표면은 휘어진 공간일 뿐 시공간 그 자체는 아니다. 그래서 우리의 비유는 정확히 맞아떨어지는 비유가 아니고, 휘어진 시공간이 우리에게 어떤 영향을 미칠 수 있는지 직관적으로 이해하는 데는 어느 정도 한계가 있다. 그럼에도 이 사례는 [시]공간의 곡률이 이웃한 궤적에 어떻게 서로 다른 영향을 미치는지 잘 보여주며, 중력의 힘도 바로 이런 편차를 통해 드러난다.

앞에서 든 사례에서, 북쪽으로 향하는 두 여행자를 추적하는 대

---

* 두 사람이 정확히 적도 위에 있는 것이 아니라면 당신과 이웃이 정확히 동쪽이나 서쪽으로 이동해도 동일한 현상이 나타난다. 2장에서 페루에서 마다가스카르로 비행기를 타고 날아가는 사례에서 보았듯이 정동향으로 이동하려면 조종사가 지속적으로 방향을 틀어야 한다. 휘어진 행성 위에서의 삶이란 이런 것이다.

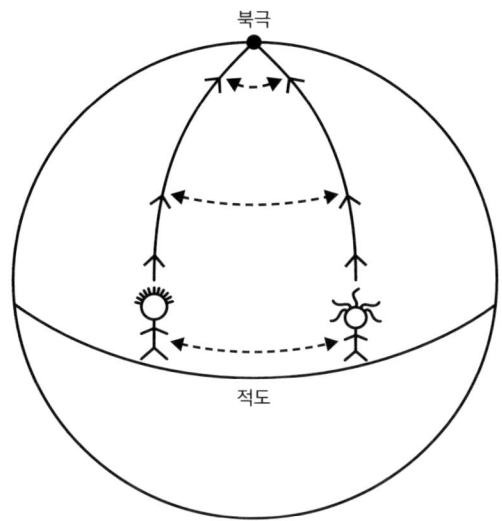

그림 3-1 | 지구 표면 위에서 직선으로 따라가면 대개 직선으로 가도 곧바르지 않은 경우가 많다.

신 그들의 몸속에 들어 있는 세포를 추적했다고 상상해보자. 만약 시공간의 곡률을 따라 진화하는 과정에서 왼손과 오른손이 따르는 경로가 크게 갈라질 수 있다면? 당신이 몸이 굉장히 유연해서 새로운 요가 자세를 발견하고 싶은 마음이 아무리 크다고 해도 분명 그렇게 팔을 쭉 뻗다보면 도저히 감당하지 못할 자세가 만들어질 것이다. 만약 중력이 더 강했다면 우리 몸의 다양한 세포가 어떤 방향에서는 늘어나고, 어떤 방향을 따라서는 짓눌리는 것을 통해 중력의 힘을 경험하게 될 것이다. 낙하 그 자체를 통해서 혹은 어딘가에 떨어져 그 충격에 멍이 들어서 중력을 느끼는 것이 아니라, 우리를 구성하고 있는 세포들이 중력이 지시하는 각자의 시공간 경로를 따르려고 최선을 다하는 과정에서 우리 몸을 서로 다른 방향으로 잡아당기거나 짓누르는 조석력tidal force이 발생하고, 그 힘을 통해 중력을 느끼는 것이다.

그렇다면 중력을 감지하는 가장 좋은 방법은 귀로 듣는 것인지도 모른다. 우리가 중력을 느끼거나 보거나 맛보기 전에 중력의 조석력이 고막에 있는 다양한 세포들을 서로 멀어지게 만드는 힘으로 작용하면 그 소리를 들을 수 있을지도 모른다. 지구에서 중력을 귀로 들으려면 우리 몸이 기존보다 수십억 배의 수십억 배의 수백 배나 민감해야 할 테니 누군가가 이를 가지고 노벨상을 타려면 시간이 좀 걸릴 것이다. 하지만 블랙홀 근처에 가면 중력의 소리가 금방 불쾌해질 것이다.

누르고 당기는 조석력

지금까지 중력에 대해 이야기하면서 이미 일부 주제에 대해서는 내가 대학원에서 강의하는 것보다 더 깊이 들어갔다. 하지만 지금까지 아인슈타인의 유명한 방정식에 관해서는 적어도 직접 이야기하지는 않았다. 이론물리학자는 온통 개념과 아이디어만 다룰 뿐 계산·예측·수에는 별로 신경 쓰지 않는다는 잘못된 인상을 심어주고 싶지는 않으니 아인슈타인 방정식의 중요성을 잠시 강조하려 한다. 이 방정식(나는 방정식이라는 표현보다는 중력에 대한 아인슈타인-힐베르트 작용Einstein-Hilbert action이라는 표현을 더 선호한다. 여기에서 아인슈타인의 방정식을 유도할 수 있다)은 중력, 천체물리학, 우주론 분야에서 과거 한 세기 동안 일어난 대부분의 혁신에서 절대적인 역할을 하며 우주 탐험과 전 지구적 통신을 가능하게 했다. 이것은 가장 철저한 검증이 이루어진 자연의 법칙 중 하나이며, 과학자들이 지금까지 진행한 모든 관찰 및 실험과 흠잡을 데 없이 완벽하게 맞아떨어진다.

중력에 도전하고자 하는 사람이라면 이 아인슈타인-힐베르트 작용이 제공하는 심오한 통찰을 꿰뚫고 있어야 한다. 내가 지금까지 이 방정식에 대해 직접적으로 이야기하지 않은 이유는 딱 하나, 수학적으로 풀기 가장 어려운 방정식 중 하나이기 때문이다. 사실 아인슈타인의 방정식은 그냥 풀기만 어려운 것이 아니다. 사실 모든 일반적인 경우에 대해 정확하게 풀기가 불가능하다! 아무리 강력한 컴퓨터를 가져다가 우주의 나이만큼 돌려보아도 어떤 단순화나 근사법을 사용하지 않고는 이 방정식을 풀 수 없다. 대부분의 경우 물리학자들이 해야 할 일은 결과의 신뢰성을 유지하면서 이 문제를 해결 가능한 문제로 만들려면 어떤 단순화나 근사법이 적합한지 판단하는 것이다.

이런 근사법 중 하나는 우리가 살고 있는 시공간의 전체적인 곡률이 단일 천체의 영향력에 지배된다고 생각하는 것이다. 예를 들어 태양계에서는 태양이 주요한 중력을 미치는 천체라고 간주한다. 태양계에 있는 다른 행성이나 물체는 기여하는 바가 적기 때문에 동요를 일으키는 작은 보정 정도라고 간주한다. 태양계에서 이런 식으로 근사법을 적용하면 다양한 문제에서 상당한 진전이 가능해지고, 관찰된 사실과 부합하는 결과를 도출할 수 있다. 하지만 더 복잡한 상황을 조사하고 싶어지면 어떻게 될까? 하나의 천체가 지배하는 상황이 아니라 크기가 비슷한 2개 이상의 천체가 서로를 중심으로 돌며 우아하게 춤을 추는 상황이라면? 그럼 아인슈타인 방정식의 수학적 복잡성이 머지않아 우리를 다시 괴롭히기 시작할 것이다. 예를 들어 질량이 비슷한 2개의 항성이 서로의 궤도를 도는 단순해 보이는 이체 시스템에서도 아인슈타인의 방정식에서 도출한 시간에 따른 곡률의 변화를 정확히 계산하기가 너무 복잡해진다. 그래서 이런 경우에는 추가적인 단순화가 필요하다(아니면 수치적 방법을 이용해서 문제를 더 다루기 쉽게 만들어야 한다). 물리학에서는 이체 문제two-body problem 같은 단순한 문제도 푸는 데 상당한 노력과 기술이 필요하다.

역설적이게도 학계에는 또 다른 형태의 이체 문제가 있다. 풀기가 거의 어려운 문제이긴 하지만, 신비로운 힘에 의해 몸이 찢기는 것이 어떤 기분인지 짐작할 수 있게 흥미로운 비유를 제공해준다. 이 이체 문제는 학계에서 많은 커플이 직면하는 오래된 문제를 설명하기 위해 사용되어온 용어다. 학자들 중에는 또 다른 학자를 배우자로 둔 경우가 많은데, 더욱이 비슷한 분야에 몸을 담고 있는 때가 많다. 이론물리학 분야에서는 특히나 이런 경우가 흔하다. 우리의 연구는 종종 수년에 걸쳐 집중적으로 기술적인 주제를 다루곤 한다. 따라서 결국에는 지구에서 자신의 생각과 아이디어를 함께 공유할 수 있는 몇 안 되는 사람과 깊고 특별한 유대감을 형성하는 때가 많아질 수밖에 없다.

내 경우를 묻는다면 내가 앤드루에게 끌린 이유는 이루 말로 표현할 수 없을 정도로 독특했다고 말하겠다. 하지만 학계의 수많은 커플과 마찬가지로 우리 두 사람도 박사학위 과정 중에 만났다. 케임브리지대학교가 그 무대였다. 우리는 당시 이웃 사무실에서 일하며 공간의 추가적인 차원이 우리 우주의 탄생과 잠재적 기원에 미치는 영향을 연구하고 있었다. 앤드루와 나는 자주 우주론과 중력에 관해 이야기했지만, 캘리포니아 어바인에서 열린 학회에 함께 파견(여러 번 비행기를 갈아타면서 18시간 동안 비좁은 비행기 좌석에 나란히 앉았다)된 뒤 물리학을 넘어서는 대화를 나누었고, 이를 계기로 남은 평생을 함께하게 되었다.

당시 나는 박사학위 과정을 막 시작한 상태였고, 앤드루는 과정이 거의 끝나가고 있었다. 우리가 사귀기 시작한 지 3개월도 되지 않았는데 그가 박사후연구원 자리 때문에 대서양 건너 미국 뉴저지 프린스턴으로 떠나게 됐다. 이것만 봐도 앞으로 수십 년 동안 지구 반대편에서 장거리 연애를 하는 것이 우리의 현실이 될 수밖에 없음이 자명해 보였다. 이런 현실에도 끝이 보인다면 몇 년 정도는 감당할 수 있을 것이다. 하지만 학계에서는 이 길의 끝에 일자리가 있다는 보장도 없고, 그나마도 같은 나라에서 일자리를 얻을 수 있다는 보장은 더더욱 없었다.

몇년간 그렇게 잠을 못 자 빨개진 눈으로 대서양을 가르며 지낸 끝에 런던과 뉴욕을 오가던 야간 비행기 여행이 뉴욕과 몬트리올을 오가는 야간 버스 여행으로 대체됐다. 그러다 어떤 동료 덕분에 우리는 캐나다 온타리오에 있는 페리미터 이론물리학연구소Perim-eter Institute for Theoretical Physics와 맥마스터대학교에서 함께 박사후과정 자리를 제안받았다. 시간적·공간적으로 겹치는 지점에서 함께 사는 이런 삶다운 삶이 기적처럼 3년 동안 이어지다가 다시 대륙을 넘나드는 경주가 시작됐다. 처음에는 캐나다 워털루와 스위스 제네바 사이를, 그다음에는 미국 클리블랜드와 제네바 사이를 오갔다. 이렇게 끝없이 움직이며 살다 보니 암스테르담 공항이 제2의 집처럼 느껴졌고, 우리는 공항에서 서로를 위해 작은 목각 튤립을 사다 주는 습관이 생겼다. 10년 후에 마침내 두 사람 모두 같은 장소에서 안정적인 일자리를 얻게 되어 이제는 결혼을 해도 되겠다는 생각이 들었을 때는 결혼식장을 장식하기에 모자람이 없을 정도로 나무 튤립이 많이 모였다. 세계 곳곳에서 온 하객들은 각자 나무 튤립을 하나씩 기념품으로 가져가 자기 집 마당에 꽂았다.

언젠가는 부디 자연스럽고 우아한 해법이 발견되기를 바라는 이 이체 문제*는 중력의 진정한 힘이 어떤 느낌인지 이해하게 도와줄

---

* 맥마스터대학교, 페리미터 이론물리학연구소, 웨스턴리저브대학교, 임페리얼칼리지런던의 훌륭한 동료들에게는 아무리 감사해도 모자라지 않다. 누구를 말하는 것인지는 본인들이 알 것이다. 그들은 모든 이체 문제 뒤에는 보려고 하면 볼 수 있는 이체 기회가 존재한다는 것을 알게 해주었다. 하지만 내 생각은 여전히 아직 해법을 찾지 못한 다른 이체 시스템 그리고 결국에는 학계와 멀어지거나 학계를 떠나는 것 말고는 달리 해결책을 찾을 수 없었던 이들에게로 향한다. 과학계는 뛰어난 전문성과 재능을 갖추고 있으니, 이런 단순한 이체 문제에 대해서는 이미 자연스럽고 우아한 해결책을 찾아냈어야 했다.

완벽한 비유를 제공한다. 중력의 힘은 조석 효과를 통해 느껴진다. 이 조석 효과는 여러 개의 물체가 서로에 대해 상대적으로 움직일 때 나타난다.[**] 이 물체들은 한 방향으로는 짓눌리며 압축되는 한편, 또 다른 방향에서는 분리되는 힘으로 잡아당겨지면서 각각의 물체 사이의 연결 구조 자체가 시험에 들게 된다. 운이 좋다면 이 시스템은 평생 여러 번 압축되고 늘어나면서도 다시 원래의 상태로 돌아올 수 있다. 학계에서와 마찬가지로 물리학에서도 최종적으로 안정적인 속박 상태bound state(입자, 원자, 천체와 같은 2개 이상의 구성요소가 중력이나 전자기력 같은 상호작용으로 묶여 하나의 시스템처럼 행동하는 상태를 말하며, 이를 분리하려면 에너지가 필요하다—옮긴이)에 도달해서 이런 반복적인 과정에서 탈출하는 행운을 잡는 경우는 매우 드물다.

글라이트, 중력의 메신저

사랑의 신비에 관한 이야기는 뒤로 하고, 내가 그나마 이해하고 있다고 주장하는 물리학의 신비로 돌아가 보자. 지금까지 살펴본 내용을 간단히 정리해보겠다. 우리는 지구 표면을 향해 떨어지는 것

[**] 더 정확히 말하면 이 비유에는 이체가 아니라 사체four bodies가 포함되어야 한다. 중력은 쌍극자dipole가 아니라 사중극자quadrupole를 통해 발현되기 때문이다. 하지만 당장은 이런 기술적인 문제는 뒤로 하고 나중에 다시 살펴보겠다.

이나 그 주변 궤도를 도는 것은 지구의 질량에 의해 유도된 휘어진 시공간 속에서 직선(이것을 측지선geodesic이라 부른다)을 따라 움직이는 것에 불과함을 알게 되었고, 그 과정에서 뉴턴의 중력 개념을 이것으로 대체했다. 그리고 시각화하기는 더 어렵지만 일상에 뿌리내리고 있는 기술을 통해 중력이 우리가 공간을 지각하는 방식과 시간의 흐름을 느끼는 방식에 영향을 미쳐 우리에게 장난을 친다는 것도 살펴보았다. 이 두 가지 측면 모두 우리가 살고 있는 시공간의 완만한 곡률과 연관되어 있고, 그 안에서는 전통적인 의미에서의 힘이라는 개념이 존재하지 않는다. 하지만 곡률 그 자체에는 중력의 힘이라는 개념이 조석력이라는 형태로 여전히 존재한다. 이 조석력이 우리 몸을 이루는 세포에서부터 그 세포를 이루고 있는 원자의 중심부에 자리 잡고 있는 기본입자에 이르기까지 시공간 속의 다양한 지점을 짓누르거나 잡아당기기 때문이다.*

　뉴턴의 법칙은 즉시성이라는 속성을 가지고 있다. 이는 일찍이 뉴턴의 중력이 최종적인 해답이 될 수 없음을 보여주는 신호 중 하나였다. 모든 인력에는 소통이 필요하고, 소통에는 시간이 걸리기 때문이다. 뉴턴의 법칙은 무언가 좀 더 역동적이고 반응적인 개념으로 대체되어야 했다. 이제 일반상대성이론을 받아들였으니 중력

---

* 다행히도 세포 속 원자의 경우 다른 힘들이 중력을 압도한다. 예를 들면 전자를 원자핵 주변에 붙들어 매는 전자기력이나 우리 몸속 모든 원자의 중심부에서 양성자와 중성자 속 쿼크quark를 붙잡아주는 강한 핵력은 중력보다 훨씬 강하다. 하지만 중력이 엄청나게 강해지는 극단적인 환경에서는 이런 추가적인 힘이 제아무리 강하더라도 결국은 중력의 조석력 앞에 무너지게 된다.

　　　　　　　　　　　　　　　중력이라는 아름다움

이 소통하는 방식을 이해하는 데 한 걸음 더 가까워졌을까? 그리고 만약 그렇다면 중력의 메신저는 누구인가? 이것 역시 또 하나의 이상한 질문으로 들릴 수 있다. 그렇다면 이전과 마찬가지로 보다 단순한 질문을 먼저 던지며 접근하는 것이 더 쉬울지도 모르겠다. 전자기력에서는 소통이 어떻게 일어날까?

내가 열쇠, 동전, 종이 클립 혹은 다른 금속 조각을 가지고 있는지 알아보려면 그냥 간단히 나한테 물어보면 된다. 하지만 그럴 수 없는 상황을 위해 이와 다른 조금 더 보편적인 소통 방식이 만들어졌다. 바로 공항검색대 같은 곳에서 사용하는 금속 탐지기다. 탐지기에 감긴 코일을 따라 전류의 펄스를 보내면 일시적으로 자기장이 만들어진다. 그럼 이 자기장이 공간으로 퍼져나간다. 이 자기장이 공간 속의 금속 물체에 도달하면 그 금속에 유도 전류가 발생하고, 이 전류가 다시 자기장을 만들어낸다. 그러면 탐지기가 이 자기장을 감지해서 금속의 존재를 확인하게 된다.

탐지기와 금속 물체 사이의 상호작용 혹은 정보 교환은 빛의 속도로 이동하는 전자기 효과를 통해 이루어진다. 탐지기를 처음 켰을 때는 금속 물체의 존재를 감지하지 못한다. 빛이 탐지기에서 물체까지 이동했다가 다시 돌아올 때까지 기다려야 한다. 여기에는 아주 짧지만 분명 0은 아닌 시간이 필요하다. 뉴턴의 중력과 달리 전자기력은 즉각적으로 작용하지 않는다! 대신 어느 두 물체 사이의 전자기력은 전자기파를 통해 소통이 이루어진다. 전자기파라고 하니 무언가 굉장히 전문적인 이야기로 들리겠지만, 사실 이것은 우리에게 대단히 익숙한 현상이다. 우리는 대부분 이 현상을 '빛'이라 부른다.

금속 탐지기에서 전달되는 빛은 눈에 보이지 않지만 그럼에도 빛은 빛이다. 우리가 금속 탐지기를 통과할 때도 조용한 빛의 메신저가 우리가 지니고 있는 금속 물체와 탐지기 자체에 들어 있는 자석 사이에서 유한한 속도로 움직인다. 바로 이 빛이라는 메신저가 물체 사이의 거리와 상관없이 우주 속에 들어 있는 모든 하전 입자 사이에서 전자기력을 전달하는 존재다. 만약 전하를 띤 입자가 갑자기 만들어지면 이 정보(출생신고서라고나 할까?)가 빛의 속도로 나머지 우주에 전달된다. 1광초 거리(약 30만 킬로미터) 떨어져 있는 전자가 이 새로운 하전 입자의 존재를 인식해서 그로부터 인력이나 척력을 느끼기까지는 1초가 걸릴 것이다. 몇십 센티미터에 불과한 공간 안에서 작동하는 금속 탐지기의 경우에는 이런 정보가 너무 짧은 시간 안에 전달되기 때문에 감지하기가 어렵다.

금속 탐지기에 대해 짧게 살펴보았으니, 중력에 대해서도 비슷한 원리를 적용한 중력 탐지기를 생각해볼 수 있다. 이 세상 모든 존재는 중력의 '전하'를 가지고 있기 때문에 우리 몸의 모든 입자도 기술적으로는 그런 장치에 반응을 나타낼 것이다. 다만 중력은 워낙 미세한 힘이기 때문에 현재의 기술로는 이를 감지할 만큼 정밀한 장치를 만들 수 없으며, 가까운 미래에도 실현 가능성이 희박하다. 중력의 메신저에게도 그 사촌인 빛에 빗대어 비슷하게 이름을 붙여줄 수 있지 않을까? 이를테면 글라이트(gravity+light)는 어떨까? 현재 과학계에서는 중력의 메신저를 전자기파의 중력 버전인 중력파라 부르고 있다. 빛이나 전자기파가 전자기력의 메신저인 것처럼, 글라이트나 중력파는 지구의 질량에 의해 형성된 시공간 곡률에서 조석력의 존재에 이르기까지 우리가 접하는 모든 중력 효과에 대한 정보를 실어 나르는 메신저다.

빛을 의미하는 영어 단어 'light'에는 가볍다는 의미도 있는데, 실제로 빛도 엄청나게 가볍다. 어찌나 가벼운지 관성 질량(빛을 움직이게 만드는 것이 얼마나 어려운지 결정하는 질량)이 우리가 지금까지 측정한 그 어떤 것보다도 작다. 우리가 아는 한 질량이 없다고도 할 수 있다. 따라서 빛을 움직이게 만드는 데는 아무런 노력이 필요하지 않지만, 역으로 그 속도를 늦출 방법도 없고, 흡수하는 것 말고는 그 전파를 멈출 방법도 없다. 빛이 항상 빛의 속도로 이동하는 이유도 이 때문이다. 아인슈타인의 일반상대성이론 방정식에 따르면 글라이트도 똑같은 속성을 가지고 있다. 중력파 역시 질량이 없는 것으로 여겨지며, 우주의 한쪽에서 다른 쪽으로 전파되는 내내 영속적으로 운동을 유지하며, 자신의 사촌인 빛과 똑같은 속도로 시간과 공간을 가로지른다.

어떻게 하면 글라이트를 보거나 들을 수 있을지, 즉 어떻게 하면 중력파를 감지할 수 있을지 생각하기 전에 그 파동이 움직이는 과정에서 시공간의 구조에 어떻게 영향을 미치는지 감을 잡아보자. 여기서도 마찬가지로 중력보다 더 익숙한 사촌인 빛에서 시작하는 것이 도움이 될 것이다. 우리 눈은 태양에서 방출하는 빛, 그중

빛의 두 가지 편광 중 하나를 걸러내는 편광 선글라스

빛의 '수직' 편광은 통과함

빛의 '수평' 편광은 걸러짐

그림 3-2 | 편광 선글라스는 빛의 서로 다른 편광 중 한 가지만을 통과시킨다.

그림 출처: microscopyu.com에서 수정한 이미지

에서도 특히 가시광선에 해당하는 빛을 포착하는 데 능하다. 하지만 눈은 빛에서 나타나는 서로 다른 편광polarization을 거의 구분하지 않는다. 편광이란 빛의 파동이 진동하는 방향을 말한다. 우리는 편광 선글라스를 썼을 때만 빛의 다양한 편광을 구분할 수 있다.

빛에서 서로 다른 편광이 나타나는 현상을 더 잘 이해할 수 있도록 왼쪽에서 오른쪽으로 움직이는 물결 모양의 파동을 그린다고 상상해보자. 그 파동을 책상 위에 수평으로 평평하게 누워 있는 종이에 그리는지, 칠판에 수직으로 붙여 놓은 종이에 그리는지에 따라서 두 가지 서로 다른 독립적인 빛의 편광을 그리게 된다. 맥스웰의 이론에 따르면 파동의 물결은 운동 방향에 대해 항상 직각을

중력이라는 아름다움

이루어야 한다. 따라서 이 물결이 나타날 가능성도 두 가지밖에 없다. 이것을 각각 수평 편광과 수직 편광으로 생각할 수 있다(현실에서의 빛은 이 두 가지가 섞여 있어서 묘사하기가 더 어렵다).* 일단 움직이기 시작하면 이 두 가지 편광은 독립적으로 자유롭게 움직일 수 있다. 이들은 각자의 여정을 따라가는 데 서로를 필요로 하지 않으며, 둘 중 한쪽이 흡수돼도 나머지 한쪽은 아무 문제 없이 가던 길을 계속 갈 수 있다. 편광 선글라스를 썼을 때 이런 일이 일어난다.

글라이트도 비슷한 패턴으로 이동하지만, 중력파의 영향을 이해하기 위해 중력은 시공간 구조의 곡률과 본질적으로 관련되어 있으며 우리는 이것을 거리와 시간의 흐름에서 나타나는 왜곡으로 지각하게 된다는 점을 기억하자. 구슬을 몇 개 가져다가 원형으로 깔끔하게 배열해보자. 구슬들을 묶어 놓지 말고 그냥 자유롭게 놔두자. 중력파가 이 원을 수직으로 통과하면 그 표면의 기하학이 늘어나고 압축될 것이다. 그럼 이 자유낙하 상태의 구슬들은 휘어진 공간을 따라 움직이며, 그 결과 구슬의 위치가 〈그림 3-3〉처럼 왜곡되어 보일 것이다. 빛처럼 글라이트도 2개의 독립적인 편광을 가지고 있다. 적어도 일반상대성이론에 따르면 그렇다.** 이것

---

* 만약 빛의 속도가 고정되어 있지 않았다면, 즉 더 빨라지거나 느려지거나 심지어 멈출 수도 있었다면, 빛의 파동이 빛의 진행 방향을 따라서도 나타날 것이고, 따라서 파동의 물결이 나타날 세 번째 가능성이 열렸을 것이다. 만약 빛이 그렇게 가볍지 않았다면, 즉 질량이 전혀 없지 않았다면 이런 현상이 일어났을 것이다.

** 사실 이것은 우리가 4차원 시공간에 사는 바람에 생긴 우연이다. 만약 공간의 차원이 더 많았다면 글라이트는 독립적인 편광을 빛보다 더 많이 갖게 됐을 것이다.

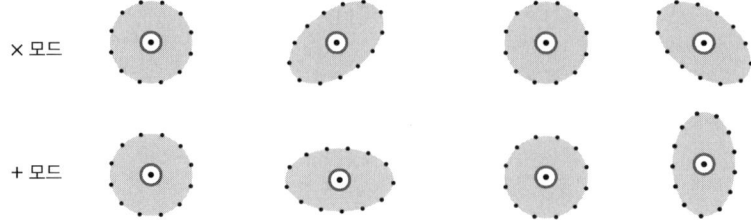

그림 3-3 | 일반상대성이론에서 이 페이지에 수직으로 움직이는 중력파의 편광. 이 파동들은 맨눈으로 그 효과를 확인할 수 있도록 극단적으로 증폭해서 묘사한 것이다. 정말로 이렇게 진폭이 큰 중력파를 감지했다면 그것은 우리 앞에 재앙이 임박했음을 의미할 것이다. 이 상황에서 살아보겠다고 발버둥치는 것은 의미가 없다. 글라이트가 빛의 속도로 이동하기 때문에 탈출은 불가능하다.
출처: Claudia de Rham, "Massive Gravity," *Living Reviews in Relativity* 17, no. 1 (2014): 7.

을 '+' 편광과 '×' 편광이라고 한다. 이는 편광이 진화하는 과정에서 자신과 수직인 공간의 개념을 왜곡시키는 방식에서 유래한 이름이다. 이 두 가지 편광은 가장 기본적인 수준에서 중력의 조석력을 드러낸다(적어도 양자물리학을 고려하기 전까지는 그렇다).

글라이트가 페이지를 뚫고 전파되는 동안 구슬이 그리는 전체적인 형태는 바뀌지만 그 구슬이 둘러싼 면적은 일정하다는 점에 주목하자. 글라이트가 당신을 통과하는 동안 당신이 키는 좀 더 커지고, 몸은 야위어진 것처럼 보였다가 다시 키는 살짝 줄어들고 몸은 더 뚱뚱해진 것처럼 보일 수 있겠지만(당신의 몸을 한데 붙잡아 두고 있는 당신 몸속의 다른 힘들은 무시하자) 그 과정 내내 당신의 부피는 정확히 동일하게 유지될 테니 안심해도 된다. 적어도 일반상대성이론과 그에 따른 + 편광과 × 편광에 따르면 그렇다.

이론적으로 글라이트는 6개까지 독립적인 편광을 가질 수 있다.

그림 3-4 | 등각 모드라고도 하는 호흡 모드. 이것은 원칙적으로 중력파가 가질 수 있는 또 하나의 편광 사례. 일반상대성이론에서는 이 모드가 존재하지 않는다.

출처: Claudia de Rham, "Massive Gravity," *Living Reviews in Relativity* 17, no. 1 (2014): 7.

앞에서 언급한 2개에 더해서 부피를 불변으로 유지하면서 파동이 전파되는 선을 따라 공간의 개념을 늘리고 확장하는 세 가지 다른 잠재적 유형의 편광이 존재한다. 그리고 여기에 '호흡 모드breathing mode'라고 하는 또 다른 편광이 존재한다. 이것은 3차원 부피의 팽창과 수축을 기술한다.(〈그림 3-4〉) 아인슈타인은 이 후자의 가능성을 왜 무시했을까? 간단히 말해 등가원리 그리고 이로부터 유도되는 강력한 대칭원리symmetry principle 때문이다. 일반상대성이론의 토대에 내재되어 있는 이 원리들은 이런 추가적인 편광 4개 중 어느 하나도 존재하지 못하도록 금지한다. 우리 우주에 이런 편광들이 존재하지 않는다는 사실은 아인슈타인의 이론을 입증하는 결정적인 예측이라 할 수 있다.*

---

*   7장에서 살펴보겠지만 기본입자나 양자 수준에서 중력을 고려한다면 일반상대성이론의 원리들은 그보다 더 근본적인 안정성 원리의 부산물이라 볼 수 있다. 일단 글라이트가 빛처럼 질량이 없다고 가정한다면 특수상대성이론에 따라 다른 글라이트 편광은 너무 불안정해서 사라질 수밖에 없을 뿐 아니라 시공간의 구조 전체를 파괴할 수밖에 없다. 글라이트가 질량이 없다고 가정하면 이 두 가지 편광을 통해 모든 것이 동일한 중력의 힘으로 동등하게 소통되어야 하기 때문에 이로부터 등가원리가 유도된다. 따라서 중력 질량과 관성 질량의 등가는 양자 수준에서 글라이트의 안정성과 무질량에서 기인하는 것으로 이해할 수 있다.

지금까지는 아인슈타인이 예측한 두 가지 글라이트 편광만 감지됐다. 하지만 그렇다고 해서 과학자들이 다른 편광의 존재를 말해주는 잠재적 신호를 찾는 일을 멈추지는 않을 것이다. 이것을 발견한다면 일반상대성이론에서 벗어날 수 있는 중요한 단서가 되어줄 것이다. 이런 추가적 편광은 애초에 존재하지 않는 것일 수도 있고, 부끄럼이 많아 모습을 드러내지 않는 것일 수도 있고, 아주 특별한 조건 아래서만 등장하는 것일 수도 있다.

글라이트 관측하기

이제 글라이트에 대해 알게 됐으니 누구라도 한 번쯤 자기만의 글라이트를 만들어 시공간을 가로지르는 글라이트의 부드러운 어루만짐을 느껴보고 싶지 않을까? 다행히도 우리는 모두 언제 어디서나 중력파를 만들어내고 있다. 우리는 온혈동물이다 보니 흑체 복사 열 스펙트럼을 방출하고 있다. 이 복사는 12마이크로미터 정도의 파장을 갖는 가시범위 밖의 적외선을 방출한다. 그리고 이와 동시에 우리는 글라이트의 열 스펙트럼도 방출하고 있다. 하지만 지금까지는 이를 감지할 수 있는 카메라가 나오지 않았다. 우리는 파트너와 춤을 출 때마다 그리고 심장이 뛸 때마다 글라이트를 방출하고 있다. 사실 전자도 우리 몸속 모든 세포의 모든 원자 중심부에 자리 잡은 원자핵 주위를 회전하면서 미세한 중력파를 방출하고 있다. 모든 곳에서 모든 것이 항상 미세한 중력파를 방출하면서 지속적으로 나머지 우주와 소통하고 있다. 하지만 슬프게도 이런 중력파는 대부분 감지가 불가능하다. 지구 위에서 감지할 수 있는 수준의 진폭을 갖는 글라이트를 찾고 싶다면 어마어마한 힘으로 가속하는 천문학적인 질량을 갖는 천체를 떠올려야 한다. 하지만 이런 환경에서는 너무 강렬한 힘이 작용하기 때문에 그 근처에 있는 어떤 존재도 무사하지 못할 것이다.

태양처럼 질량이 큰 천체도 자체적으로는 그리 큰 중력파를 만들어내지 못한다.* 하지만 2개의 항성이 긴밀하게 서로 얽혀서 춤을 추는 경우에는 충분한 양의 에너지를 글라이트로 방출하기 때문에 거기서 생기는 에너지 손실을 감지할 수 있다. 1974년에 러셀 헐즈Russell Hulse와 조지프 테일러Joseph Taylor가 대략 태양만 한 질량의 항성 2개가 불과 몇백만 킬로미터 정도 떨어진 거리에서 서로의 주변을 돌고 있는 것을 관찰한 후에 발견한 현상이 바로 이것이었다. 우리 사람의 시각에서 보면 두 항성은 여전히 꽤 멀리 떨어져 있다. 지구와 달 사이보다 대략 3배 정도 되는 거리다. 수백만 킬로미터 떨어져 있는데도 과연 긴밀한 관계라 말할 수 있을까? 이 두 항성이 적어도 몇 억 년 동안은 합쳐지지 않을 것이라는 점은 사실이지만 이 둘은 8시간도 안 되는 시간에 서로를 한 바퀴

---

* 태양의 핵 내부에 있는 전자와 이온 사이의 운동을 통해 글라이트 열복사가 만들어지기는 하지만 강도가 너무 낮아서 현재의 기술로는 감지할 수 없다.

씩 돌고 있다(달이 지구를 한 바퀴 도는 데 한 달이 걸린다는 점과 비교해보자). 이 황홀한 탱고가 유지될 수 있는 것은 강력한 중력의 인력 덕분이다. 이 인력이 어찌나 강력한지 거의 우리 태양이 방출하는 빛 전체(10^{26}와트)와 맞먹는 강력한 에너지의 글라이트(10^{24})를 방출하고 있다. 사실 헐즈-테일러 쌍성계Hulse-Taylor binary system는 비가시광선을 포함해서 모든 주파수의 빛을 통해 방출하는 것보다 더 많은 에너지를 글라이트로 방출하고 있다. 만약 우리가 빛만큼 글라이트에도 민감하게 진화했다면 헐즈-테일러 쌍성계를 빛으로 보기 전에 중력을 통해 먼저 들었을 것이다.

헐즈-테일러 쌍성계가 진정으로 놀라운 이유는 두 항성 중 하나가 펄서pulsar(빠른 속도로 회전하는 중성자별)이기 때문이다. 펄서는 특별한 종류의 항성으로, 적당한 조건 아래서는 자극magnetic pole에서 가느다란 광선을 방출한다. 펄서는 하늘에 떠 있는 등대처럼 지속적으로 자극을 통해 빛을 방출하지만 회전하고 있어서 마치 빛이 펄스pulse처럼 맥동하는 듯 보인다. 자극 중 하나가 순간적으로 우리의 시선과 맞아떨어졌을 때만 그 빛이 보이기 때문이다. 펄서에서 관찰할 수 있는 맥동의 리듬이 대단히 정확하기 때문에 인접한 또 다른 동반 항성과 회전하며 춤을 추고 있을 때는 두 항성의 운동을 굉장히 정확하게 추론할 수 있다. 헐즈와 테일러가 측정한 값은 너무 정확해서 두 항성 사이의 거리인 반장축semimajor axis(태양의 주위를 도는 행성 등이 공전하면서 그리는 타원의 중심에서 장축 끝까지의 거리—옮긴이)이 1년에 3미터씩 줄어들고 있다는 사실을 연역할 수 있었다. 이 두 항성이 몇백만 킬로미터 떨어진 채로 서로의 궤도를 돌고 있다는 점을 명심하자. 이 측정치가 얼마나 정밀한 것이냐면, 1미터 떨어져 있는 두 사람 사이의 거리가 1나노미터 줄어들었음을 알아차린 것과 비슷한 수준이다. 작은 바이러스 크기에 해당하는 차이다. 이 두 항성 사이의 거리가 줄어드는 속도는 일반 상대성이론이 예측하는 중력파 형태의 에너지 방출로 인한 궤도 변화와 흠잡을 데 없이 완벽하게 일치했다. 태양이 지속적으로 빛을 방출하면서 서서히 질량을 잃기 때문에 수명이 제한되는 것처럼, 쌍성계에 속한 항성들도 글라이트를 방출함으로써 점차 에너지를 잃다가 결국 하나로 합쳐지게 된다.

펄서가 처음으로 발견되고 불과 몇 년 후인 1974년에 헐즈와 테일러가 발견한 이 현상은 중력파가 실제로 존재하며 가속하는 천체를 통해 방출된다는, 간접적이지만 부정할 수 없는 증거가 되었다.*(40년 후에는 지구에서 글라이트를 처음으로 직접 검출함으로써, 1974년 이후 부정할 수 없는 사실이었던 중력파의 존재를 또 다른 수단을 통해 확인하게 됐다.) 지금은 하늘에서 수천 개의 펄서가 발견됐다. 일부는 헐즈-테일러 쌍성계 같은 쌍성계이고, 심지어 삼성계triple system도 하나 있다. 하지만 대다수의 펄서는 나머지 항성 집단과 멀리 떨어져

---

* 댐 수전 조셀린 벨 버넬Dame Susan Jocelyn Bell Burnell은 겨우 24세의 나이로 1967년에 앤토니 휴이시Antony Hewish와 함께 최초로 펄서를 발견했다. 그 후로 수백 명의 천문학자가 그녀의 발자취를 좇아 수천 개의 펄서를 발견했다. 이 펄서들이 자체적으로는 중력파를 많이 방출하지 않는다는 사실에도 불구하고 벨의 발견은 중력파를 찾아나서는 여정에서 없어서는 안 될 독특한 역할을 했고, 앞으로 수세기 동안 계속 그러할 것이다.

외톨이 생활을 한다. 이런 외톨이 펄서들은 우리 태양보다도 적은 글라이트를 복사한다. 하지만 이런 외톨이 펄서라도 글라이트를 찾을 때 중요한 역할을 할 수 있다. 이것이 노스아메리카 나노헤르츠중력파관측소North American Nanohertz Observatory for Gravitational Waves(NANO-Grav)와 펄서타이밍어레이Pulsar Timing Array(PTA)를 뒷받침하는 기발한 아이디어였다. 이 관측소는 다양한 펄서에서 온 빛 펄스가 지구에서 수신되는 정확한 타이밍을 비교한다. 아무런 교란도 없는 우주에서는 이런 펄스의 타이밍이 예측 가능한 패턴을 따를 것이다. 하지만 중력파가 지나갈 때는 무슨 일이 일어날까?

중력파가 그 펄서들과 우리 사이의 간극을 채우는 시간과 공간을 미세하게 왜곡하면, 그에 따라 그 펄서가 방출하는 빛이 따르는 경로에 살짝 왜곡이 생긴다. 그럼 우리가 펄서들로부터 펄스를 받는 시간에서 그에 해당하는 지연이나 앞당겨짐이 발생해 우리 사이로 중력파가 통과해 갔거나, 우리가 지구와 그 펄서들 사이를 지속적으로 통과하고 있는 글라이트에 잠겨 있음을 보여주는 결정적인 증거를 제공해준다. 이런 관찰을 입증하는 막강한 증거는 하늘 전체를 글라이트 관측소로 사용할 수 있다는 사실이다. 이 거대한 장치를 사용하여 파장이 수십억 킬로미터에 달하는 중력파의 확률적 배경stochastic background(우주에서 일정한 패턴 없이 무작위적이고 통계적으로 관측되는 신호나 배경. 이것은 여러 독립적인 원천에서 발생하는 신호들의 중첩으로 형성되며, 개별 신호를 식별하기는 어렵지만 전체적으로는 측정 가능한 배경 신호를 형성한다—옮긴이)을 탐지했다는 보고가

2023년 6월 29일에 나왔다. 이 글라이트는 모든 방향에서 우리를 둘러싸고 있는, 우리 태양보다 질량이 수십억 배 큰 여러 개의 초대질량 블랙홀supermassive black hole에서 지속적으로 방출되고 있다.[3]

펄서타이밍어레이의 관찰을 통해 미래에는 파장이 훨씬 더 긴 중력파가 관측될 가능성이 여전히 남아 있다. 이런 중력파는 우리 우주가 아직 유아기였던 초기 단계에 방출되었을 것으로 예상된다. 따라서 그런 글라이트를 감지할 수 있다면 우리 우주의 탄생을 엿볼 기회가 열릴 것이다.

하지만 중력파를 관찰할 수 있는 도구가 펄서만은 아니다. 보통 중력파의 생성이라고 하면 질량이 아주 거대한 물체가 가속하는 경우와 연관지어 생각하지만 원칙적으로는 어떤 물체나 물질이라도 중력파를 생성할 수 있다. 심지어 빛처럼 가벼운 존재도 중력파를 생성한다. 빛은 자신의 존재만으로 그리고 자기가 담고 있는 에너지를 통해서 자신이 복사되는 시공간을 왜곡한다. 어느 파동이나 입자도 마찬가지다. 미래에는 우리 태양 주변을 도는 행성의 운동을 통해 방출되는 중력파 혹은 다른 항성의 궤도를 도는 외계 행성에서 방출되는 중력파를 감지할 수 있는 민감도를 달성할 수 있을지도 모른다. 이것에 성공한다면 중력파 방출을 통한 에너지 손실을 이용해서 외계 행성계를 탐색하는 데 필요한 새로운 단서를 얻을 수 있을 것이다.

하지만 우리가 만들어내는 파동은 대부분 진폭이 너무 작아서 감지될 만한 수준에 절대 이르지 못할 것이다. 심지어 우주만큼 큰 감지기를 이용해도 감지할 수 없다. 예를 들어 0.5미터 정도 떨어져서 10초마다 서로의 주위를 돌며 리드미컬한 춤을 추는 두 사람을 생각해보자. 이들의 우아한 움직임은 내가 미처 설명할 수도 없는 다양한 방식으로 빛나겠지만 그들이 방출하는 글라이트의 진폭은 10^{-43} 정도밖에 안 된다. 이 진폭은 터무니없을 정도로 작은 것이라 이런 글라이트를 감지하는 실험은 상상조차 하기 힘들다. 비교하자면 〈그림 3-3〉에서 묘사한 파동의 진폭은 대략 0.5 정도다.

지구와 달이 추는 춤에서 방출되는 중력파를 살펴보면 중력파에서 보이는 전형적인 진폭을 더욱 잘 이해할 수 있다. 이 중력파의 진폭은 10^{-24} 정도다. 만약 텅 빈 공간에서 구슬 2개가 1미터 떨어져 있고, 중력 말고는 그 구슬에 작용하는 다른 힘이 존재하지 않는다면, 진폭이 10^{-24}인 중력파가 지나갔을 때 두 구슬 사이의 거리에는 10^{-24}미터만큼의 변위가 일어날 것이다. 이것은 원자 크기의 100만 분의 1 정도에 해당한다. 터무니없을 정도로 작은 변위다! 지구-달 시스템 자체에서는 중력파를 방출함으로써 지구와 달 사이의 거리가 10^{-15}미터, 즉 원자 하나의 크기 정도 변위된다. 현재 우리는 지구와 달 사이의 거리를 1밀리미터 안쪽의 정확도로 측정할 수 있으니 이런 수준의 변위를 감지할 수 있으려면 약 12자릿수만큼 측정의 정밀도를 끌어올려야 할 것이다. 그럼에도 이런 측정이 이미 이루어졌다. 지구-달 시스템에서 방출하는 중력파를 감지해서 이루어진 것은 아니다. 이 중력파는 주파수가 너무 낮아서 현재는 감지할 수 있는 방법이 없다. 그보다는 항성이나 블랙홀

중력이라는 아름다움

이 마지막 춤을 추다가 합쳐지기 직전에 방출하는 중력파를 감지한 것이다.

2개의 조밀한 항성 혹은 블랙홀이 합쳐지기 직전에는 서로의 주위를 광속에 가까운 속도로 회전하면서 비교적 진폭이 큰 중력파를 방출한다. 이런 사건은 상대적으로 대단히 파괴적이기 때문에 이를 관찰할 때는 거리를 충분히 두고 꼭꼭 숨어서 지켜봐야 한다. 다행히도 지금까지 가장 가까운 거리에서 일어난 합병 사건도 수십 메가파섹megaparsec(천문학에서 사용하는 거리 단위로 1메가파섹은 약 326만 광년에 해당한다—옮긴이), 즉 10^{21}킬로미터 정도 떨어진 곳에서 있었다. 이런 사건에서 방출되어 우리에게 도달한 글라이트는 1억여 년 전에 방출된 것이다. 공룡을 비롯해 지금은 멸종한 다른 파충류, 그리고 암모나이트가 지구를 지배하던 백악기 시절이다. 이 중력파는 수억 년에 걸쳐 사방으로 균일하게 퍼져나가면서 차츰 강도가 약해져 지구에 도달할 즈음에는 10^{-20} 이하로 진폭이 줄어들었다. 이런 강도의 중력파는 항상 지구를 통과하고 있지만 이것을 감지하려면 최첨단의 기술을 사용해야 하고, 파동 자체도 특정 주파수 혹은 색의 범위 안에 들어 있어야 한다.

지구를 통과하며 우리를 어루만지는 글라이트의 손길을 직접 느끼는 방법을 이해하려면 마이컬슨-몰리의 악명 높은 간섭계 실험으로 돌아가야 한다. 존재하지도 않는 발광 에테르를 감지하는 데 실패해서 특수상대성이론의 초기 증거를 제공했던 간섭계가 한 세기 넘게 지난 후에는 시공간의 요동을 감지하는 데 결정적인 역

할을 하여 일반상대성이론의 독특한 특성을 확인해주었다는 점이
참으로 역설적이다.

중력파는 지구를 통과하면서 서로 다른 방향을 따라 거리를 변
형시킨다(〈그림 3-3〉에서 구슬이 이루는 원으로 표시). 이런 변형을 감
지하기 위해 우리는 마이컬슨이 설계한 것과 비슷한 간섭계를 이
용한다. 이 간섭계는 수직으로 놓인 2개의 긴 진공 공동을 가지고
있다. 이 공동을 통해 빛이 자유롭게 전파될 수 있다. 이 공동은 미
국 LIGO의 핸퍼드Hanford 관측소(워싱턴), 리빙스턴Livingston 관측소
(루이지애나)에 각각 약 4킬로미터의 길이로 설치되어 있으며, 이
탈리아의 VIRGO 관측소와 일본의 KAGRA에는 3킬로미터짜리
가 설치되어 있다. 빛이 공동의 끝에 도달하면 매달려 있는 거울
이 그것을 다시 반사해 왔던 곳으로 되돌려 보낸다(〈그림 3-5〉). 간
섭계 구조 전체는 지구에 부착되어 있고, 따라서 모든 원자를 한데
연결하는 것과 동일한 전자기약력electroweak forces에 의해 결합되어
있다. 하지만 공동 끝에 있는 거울은 이웃한 다른 원자로부터 아무
런 힘을 받지 않도록 아주 섬세하게 매달려 있다. 이것이 거울이
우리의 휘어진 시공간 속에서 직선 경로를 따르게 만들 수 있는 유
일한 방법이다.

중력파는 간섭계를 통과하면서 실험의 시공간을 미세하게 교란
하고, 이에 따라 거울도 아주 미세하게 교란된다. 그 결과 레이저
에서 나오는 빛이 공동을 통과한 후에 아주 살짝 달라진 시공간 위
치에서 거울에 반사되어 나오고, 그 바람에 감지기 팔의 경로 길이

　　　　　　　　　　　　　　　　　　중력이라는 아름다움

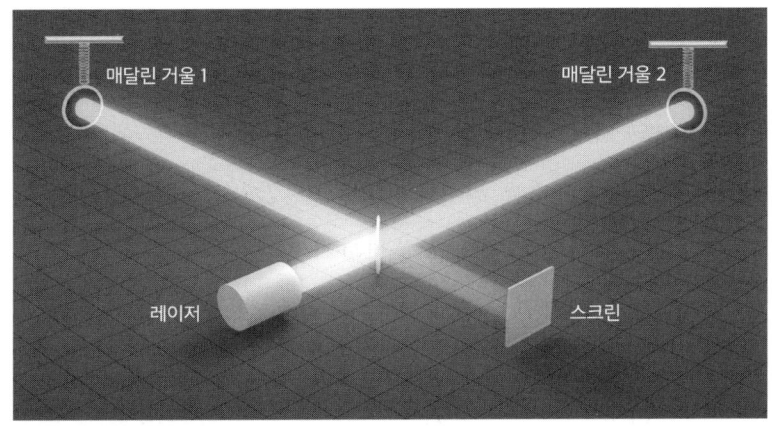

그림 3-5 | LIGO 간섭계의 도식.

출처: LIGO 동영상의 화면에서 수정함. 칼텍/MIT/LIGO 연구소 제공. 모든 권리 보유.

가 바뀌게 된다. 이 작은 변위는 수직으로 놓인 간섭계의 두 팔을 따라 보낸 빛의 상대적인 위상을 비교해 측정한다.

길이가 몇 킬로미터 되는 공동이라도 진폭이 10^{-20}에 불과한 중력파의 효과를 감지하려면 양성자의 반지름 크기의 변위를 측정할 수 있어야 한다. 이런 변위량은 너무 작기 때문에 루이지애나 LIGO 간섭계 근처 한 지점에서 자동차나 악어 한 마리가 지나가는 아무리 작은 교란만 일어나도 비슷한 효과가 나타날 수 있다. LIGO, VIRGO, KAGRA 등의 간섭계는 교묘한 잡음 제거 설계 외에도 각각의 광선에 추가로 거울을 사용해서 빛을 여러 번 왕복시킴으로써 유효 팔 길이를 LIGO의 경우 최대 1200킬로미터, VIRGO의 경우 200킬로미터까지 늘릴 수 있다. 이렇게 하면 중력파의 효과가 증폭되기 때문에 각각의 팔에서 나오는 두 광선 사이에서 감지 가능한 위상 변화가 발생하여 최종적으로 이 두 광선이 재결합할 때 간섭 현상이 일어난다. 진동하는 중력파가 간섭계를 관통할 때는 위상 변화 신호에서 특징적인 주기적 요동이 만들어 진다. 지구의 서로 다른 위치에 자리 잡은 2개 이상의 간섭계에서 이런 신호가 동시에 감지되면 중력파가 우주 끝까지 평화롭게 자 신의 여정을 이어가던 도중에 방금 지구를 관통했다는 확실한 증 거가 된다.

나는 글라이트를 처음 알게 된 이후로 일반상대성이론의 구체 적인 내용에 익숙해지기 오래전부터 글라이트의 매력에 푹 빠져 들었다. 하지만 글라이트가 이렇게 빠른 속도로 과학적 실재에서 필수적인 부분으로 자리 잡게 될 줄은 상상도 하지 못했다. 최근 에 중력파가 감지된 덕분에 우리는 이미 글라이트의 일부 속성에 대해서는 빛보다 더 잘 한정할 수 있게 됐다. 실제로 2015년 9월 14일에 수신해서 유명해진 글라이트 신호 GW150914 사건은 그 냥 단일 주파수의 파동이나 따분한 단색의 제스처가 아니라, 점점 주파수가 증가하며 시간에 따라 달라지는 총천연색의 메시지였다. 이 선명한 메시지는 다양한 우주 구조물을 거치며 집요하게 우주 를 가로질러 약 1억 년 후 지구에 도착할 때까지 그 어떤 색도 다 른 색으로 대치되지 않았다. 어느 한 색도 희미해지거나 사라지지 않은 것이다. 다른 파동의 역사에서는 이렇게 집요하고 완전한 사 례를 찾아볼 수 없다. 다른 그 어떤 파동도 이렇게 엄격하게 규칙 을 고수하는 것으로 입증된 적이 없다. 심지어 빛 그 자체도 이 정

중력이라는 아름다움

도는 아니다. 중력파는 첫 검출에서부터 빛을 비롯한 다른 근본적인 파동이나 힘에서 기대할 수 있는 것 이상으로 중력에 대한 이해를 넓혀 주었다.

우주의 가장 은밀한 비밀을 향해

많은 과학자가 놀란 부분이 있다. 리빙스턴과 핸퍼드의 LIGO 감지기를 켜는 것과 거의 동시에 지구에서 처음으로 글라이트가 직접 감지되었다는 점이다. 사실 당시 감지기는 아직 점검 모드에서 운영하고 있는 상태였다. 하지만 LIGO 연구진은 몇 달 동안 검증을 진행하여 그 내용을 확인하고, 2016년 2월 11일에 결과를 발표했다. 발표가 이루어질 당시 내 동료들과 나는 채용 면담 자리에 앉아 있어야 했지만 예상되는 뉴스에 대한 기대감으로 면담을 짧게 마칠 수밖에 없었다. 우리는 이 혁신을 축하하기 위해 학생, 박사후과정 연구원들과 함께 휴게실로 달려갔다. 이것은 새로운 시대의 시작이었다!

다음 날 아침 눈을 떴을 때도 이 모든 것이 꿈이 아니었다고 확신하기 어려웠다. 하지만 스마트폰을 들고 피드를 확인해보니 온통 중력파 감지에 대한 얘기밖에 없었다. 의심은 사라졌다. 심지어 새로운 과학 문헌을 학술지에 제출하기 전에 게시하는 온라인 디렉토리인 arXiv에도 다양하기 그지없는 잠재적 중력 모델의 범위를 신속하게 제한하는 기상천외한 추정들이 가득 올라왔다. 길을 따라 걷다 보면, 지구 어디에 있든 신문마다 동일한 머리기사 제목이 현지 언어로 번역되어 올라와 있었다. "아인슈타인이 옳았다!"

실제로 아인슈타인은 굉장히 많은 부분에서 옳았다. 중력이 시공간의 곡률이 발현되어 나타나는 것일 수 있다는 터무니없는 아이디어인 그의 일반상대성이론은 완벽하게 옳았다. 그리고 보스 응축Bose condensates에 대해서도 옳았고, 무작위 브라운 운동random Brownian motion에 대해서도 옳았다. $E=mc^2$도 옳았다. 심지어 "바라보고 이해하는 데서 얻는 기쁨은 자연의 가장 아름다운 선물"이라는 말도 옳았다.[4] 하지만 중력파의 존재에 관해서만큼은 아인슈타인이 옳았다는 주장이 그 흔한 머리기사 제목처럼 단순하지가 않다.

거의 아무런 방해도 없이 전파될 수 있는 시공간 구조 속의 요동이나 잔물결이라는 중력파의 개념은 아인슈타인 자신이 1918년에 직접 소개했다. 하지만 아인슈타인은 이런 개념이 결코 달갑지 않았다. 그의 말에 따르면 중력파는 절대 감지할 수 없는 존재였다. 1936년 6월에 아인슈타인은 미국계 이스라엘 물리학자 네이선 로젠Nathan Rosen과 협력하여 중력파의 개념을 한층 더 강하게 부정했다. 이들이 발표하지 않은 1936년 6월의 논문 〈중력파는 존재하는가? 대답: 아니오〉에 따르면, 중력파는 관찰이 절대 불가능할 뿐만 아니라 물리적 실체도 아니었다. 아인슈타인과 로젠의 논문 초판에서는 중력파의 존재는 아무런 물리적 의미도 없는 수학적 허상에 불과하다고 결론 내렸다. 두 사람은 시간과 공간의 개념을 변경

중력이라는 아름다움

하면 그 어떤 중력파라도 언제든 사라지게 만들 수 있다며, 중력파가 착각에 불과하다고 주장했다. 이것이 아인슈타인과 로젠이 함께 쓴 세 번째 논문이었다. 양자역학의 불완전성을 다루는 그 유명한 아인슈타인-포돌스키-로젠 역설Einstein-Podolsky-Rosen paradox은 〈물리적 실재에 대한 양자역학적 기술이 완전할 수 있는가?〉라는 제목 아래 1935년에 발표됐다. 역시나 이번에도 도발적인 제목이었다. 그리고 같은 해에 〈일반상대성이론에서의 입자 문제〉라는 논문에서 아인슈타인과 로젠은 블랙홀 내부에 '웜홀wormhole'이 존재한다는 개념을 처음으로 발견했다. 이것은 아인슈타인-로젠 다리Einstein–Rosen bridge로도 알려져 있다.[5,6]

앞서 나온 두 편의 논문처럼 중력파가 존재하지 않는다는 이들의 주장 역시 과학계를 흔들 것이 분명했다. 적어도 그들의 예상은 그랬다. 과학자들이 논문을 발표하기 전에 연구 내용을 사전 인쇄본preprint으로 온라인에 게시해서 피드백을 받아볼 수 있기 전 시절에는 과학자들이 자신의 발견 내용을 과학계가 어떻게 받아들일지 미리 알 방법이 없었다. 그들은 논문 원고를 《피지컬 리뷰Physical Review》에 직접 제출했다. 아인슈타인과 로젠이 1935년에 발표한 논문 두 편을 실은 바로 그 학술지다. 그때까지는 아인슈타인의 원고라면 모두 자동으로 출판 승인이 났다. 하지만 1936년에는 새로운 논문 심사 과정이 도입되어 모든 연구자의 간담을 서늘하게 만들었다. 바로 동료심사peer review 제도였다. 하지만 이 경우는 동료심사가 아인슈타인에게 오히려 행운으로 작용했는지도 모른다.[7]

지금은 동료심사가 보편적으로 이루어져서 내 분야에서도 절반 이상의 논문이 동료심사 과정에서 거부되고, 거의 모든 원고가 출판 승인을 받기 전에 수정할 것을 요구받지만, 아인슈타인과 로젠의 경우에는 이런 동료심사 과정이 새로운 경험이었다. 한 달 후인 1936년 7월에(요즘에는 이 과정에 보통 몇 달이 걸린다) 학술지 측으로부터 답장을 받은 아인슈타인은 탐탁지 않았다. 논문이 거부된 것은 아니었지만 학술지 측은 심사위원이 제기한 의견을 고려해보라고 친절하게 권고했다.

아인슈타인은 이렇게 깐깐하게 검토를 받느니 차라리 자신의 논문을 《프랭클린 연구소 저널Journal of the Franklin Institute》에 제출해야겠다고 마음먹는다. 이 사건 덕분에 아인슈타인이 자신의 경력에서 가장 민망한 일을 피할 수 있었는지도 모른다. 아인슈타인은 모르고 있었지만 그의 논문을 심사한 사람은 하워드 퍼시 로버트슨Howard Percy Robertson이었다. 그는 우리 우주를 근본적으로 이해할 수 있게 해준 유명한 우주론 학자였다. 다행히도 로버트슨은 일반상대성이론에 대해 잘 알고 있는 사람이어서 아인슈타인과 로젠의 주장에 담긴 결함을 알아볼 수 있었다. 그로부터 몇 달 후,《프랭클린 연구소 저널》에 논문이 실리기 전에 아인슈타인은 자신의 실수를 깨닫고, 이 문제를 로버트슨과 논의한 이후에 중력파의 물리적 성질을 어떻게 이해해야 하는지 알게 됐다. 그리고 이 덕에 아인슈타인은 논문을 최종 발표하기 전인 1936년 11월 13일에 원고를 수정할 기회를 얻었다.[8]

로버트슨 덕분에 아인슈타인과 로젠은 1937년에 최종 논문을 발표할 수 있었다. 이 논문은 이제 〈중력파에 관하여〉라는 제목으로 통한다. 결국에는 아인슈타인이 옳았다. 하지만 이 에피소드는 아인슈타인 자신도 이해하는 데 어려움을 겪었던 아이디어인 중력파 감지에서 중요한 것이, 단순히 한 과학자나 한 이론의 옳고 그름을 증명하는 것이(혹은 옳고 그름이 중첩된 양자 상태에 있는지 여부를 증명하는 것이) 아님을 분명하게 보여주고 있다. 글라이트의 감지는 우리 이야기의 끝이 아니라 출발점이다. 여기서 중요한 것은 가장 오래되고 근본적인 형태로 자연을 엿보고, 글라이트가 바로 이 순간, 이 공간에 우리에게 도달하기까지 우주를 가로질러 온 여정을 경이로운 마음으로 바라보는 것이다. 이 여정은 우리에게서 끝나지 않는다. 하지만 우리가 이 메시지를 해독할 수 있다면 우주의 가장 은밀한 비밀 중 일부를 풀어낼 수 있을지도 모른다. 우리가 자기만의 길과 삶을 따라 낙하하듯, 글라이트도 시간과 공간을 뚫고 낙하하며 계속 앞으로 나아갈 것이다. 우리의 이해는 불완전할지도 모르지만 그렇다고 이해하려는 노력을 멈추어야 한다는 의미는 아니다. 우주의 풍부한 신비를 진정으로 이해하기 위해서는 안전띠를 단단히 매고 과감히 뛰어내릴 수 있어야 한다.

4장

일반상대성이론은
실패한 이론인가?

우주비행사에 도전하다

1961년 4월 12일에 유리 가가린Yuri Gagarin은 우주로 나간 최초의 인간이 되어 인류의 새로운 시대를 열어젖혔다. 154명의 조종사 중에서 가가린이 우주비행사로 선발된 이유에는 그의 능력, 성격, 체력, 건강만이 아니라 체구도 포함되어 있었다. 신장 제한이 170센티미터였던 소련 우주 프로그램의 선발 기준을 적용하면 나는 애초에 탈락했을 것이다. 1년여의 훈련 끝에 가가린은 우주로 나가며 유명한 말을 남겼다. "이제 출발합니다! 안녕히 계세요. 곧 다시 만나요, 친구들." 그는 이 말을 하고 우주로 발사된 후에 무려 1시간 48분 동안 우주에 있었다. 그리고 한 달 후인 5월 5일에는 미국의 우주비행사 앨런 셰퍼드Alan Shepard가 그 뒤를 이었다. 1959년에 NASA에 선발된 셰퍼드는 원래 1960년 4월에 우주로 나갈 계획이었다. 여러 차례 계획이 연기되지 않았다면 그는 우주로 나간 첫 번째 미국인이 아니라 첫 번째 인간이 되었을 것이다.

1960년대 이후로 전 세계 우주 탐사는 우리 우주처럼 점점 더 속도를 붙이며 확장되었다. 1975년에 설립된 유럽우주국은 1978년에 첫 우주비행사를 선발했다. 당시에는 이미 궤도 우주정거장이 두 번째 세대로 접어들어 있었다. 소련의 우주비행사들과 미국의 우주비행사들이 한 팀을 이루어 우주정거장에서 몇 달 동안 함께 생활하면서 과학 실험을 수행하고, 미래의 우주 탐험을 위한 기반을 마련했다. 1978년에 진행된 유럽우주국의 첫 우주비행사 선발에서는 독일의 울프 메볼드Ulf Merbold, 네덜란드의 부보 오켈스Wubbo Ockels, 그리고 스위스의 천체물리학자 클로드 니콜리에Claude Nicollier, 이렇게 세 명이 뽑혔다. 5년 후에 메볼드는 궤도 비행을 한 최초의 유럽우주국 우주비행사이자 두 번째 유럽인이 되었고, 최초의 우주 실험실인 스페이스랩-1Spacelab-1에서 특별한 실험이나 장비를 다루는 최초의 실험전문가payload specialist로 활동했다. 1985년에 오켈스는 유럽우주국의 두 번째 우주비행사가 되었다. 물리학 박사인 오켈스는 우주에서 생물학부터 재료과학에 이르기까지 다양한 과학 실험을 수행했다.

마지막이지만 분명 빼놓을 수 없는 인물이 바로 니콜리에이다. 그는 1992년까지 기다렸다가 최초의 우주비행을 할 수 있었지만 우주 탐험 그리고 과학계 전반에 기여한 그의 공로는 정말 놀라울 따름이다. 사실 어릴 적 나는 우주비행사가 되고자 하는 열망을 담아 용기를 내어 내 평생의 영웅이었던 그에게 편지를 쓴 적이 있다. 놀랍게도 그는 지구 반대편에 살고 있던 평범한 열 살짜리 아이에게 시간을 내어 답장을 보내주었다. 인간미와 사려 깊은 마음이 담겨 있던 그의 답장은 수십 년이 지난 지금까지도 내 마음에 깊은 울림으로 남아 있다.

1993년에 니콜리에는 허블우주망원경Hubble Space Telescope을 수리하는 STS-61 임무에 합류했다. 허블우주망원경이 발사된 것은 그보다 3년 전인 1990년이었지만, 과학자들은 망원경이 우주로 나간 후에야 거울에 결함이 있음을 깨달았다. 그 거울에는 구면 수차spherical aberration라는 문제가 있었다. 쉽게 말해, 망원경이 살짝 근시가 된다고 생각하면 된다. 그래서 이 혁신적인 망원경으로 촬영한 사진들은 초점이 맞지 않았다. 첫 번째 수리 임무인 STS-61 임무는 사람들이 착용하는 교정 렌즈처럼 작동하는 안경을 이용해서 거울을 교정할 수 있었다. 그러나 일반적인 안경원에서 안경을 맞추는 것과 달리 STS-61 임무는 지금까지 NASA에서 수행한 임무 중 가장 어렵고 복잡한 임무 가운데 하나로 남아 있다. 임무를 완료한 후 완벽한 성공이라는 선포가 이어졌고, 그 뒤로 허블우주망원경은 지금까지 우주의 새로운 깊이를 밝혀내고 있다.

2021년에 제임스웹우주망원경이 등장하기 전까지 허블우주망원경은 인류가 본 것 중 가장 극적이고 화려한 고해상도의 천체 이미지를 제공했다. 30년이 지난 지금까지도 허블우주망원경이 머나먼 은하에서 촬영한 세페이드 변광성(밝기가 주기적으로 변하는 맥

중력이라는 아름다움

동성)과 초신성(항성의 폭발) 이미지 덕에 우리는 계속해서 우주의 기원, 나이, 진화를 더욱 정확히 이해할 수 있게 됐다. 유럽우주국의 클로드 니콜리에를 비롯해서 놀라운 임무를 수행한 이 우주비행사들이 아니었다면 이런 통찰을 얻을 수 없었을 것이다. 이들은 각자의 방식으로 우리가 우주를 새롭게 이해할 수 있도록 도왔다.

1992년에 유럽우주국에서는 두 번째 우주비행사 선발을 진행했다. 2만 2000개가 넘는 지원서가 접수되었고, 그중 59명이 유럽우주국 회원 국가에 의해 후보로 선발되었다. 그리하여 결국 6명의 우주비행사가 선발되었는데, 그중에는 유럽우주국 최초의 여성 우주비행사로 선발된 벨기에 출신의 마리안느 메르체즈Marianne Merchez도 있었다. 하지만 안타깝게도 메르체즈는 몇 년 후에 사임했고, 프랑스 출신의 유럽우주국 최초의 여성 우주비행사 클로디 에뉴레Claudie Haigneré가 우주로 날아오르는 것을 보기 위해서는 2001년까지 다시 기다려야 했다. 하지만 사실 영국의 우주비행사 겸 화학자 헬렌 샤먼Helen Sharman이 그보다 10년 앞서서 소련 팀과 우주로 이미 나갔다.

2008년 4월 10일, 기다리고 기다리던 유럽우주국의 세 번째 우주비행사 선발 공고가 나오면서 별들을 향한 내 도전이 시작됐다. 이런 선발은 보통 15년마다 한 번씩 이루어지기 때문에 다시 기회가 찾아오기를 기대하기는 어려웠다. 물론 몇 년을 기다려온 한 세대 전체의 다른 과학자와 조종사 들에게도 마찬가지였다. 선발 공고가 나오자마자 공식적으로 등록한 지원자만 1만 명이 넘었다.

1차 선발 과정은 온라인 심사였다. 나에게 이 첫 단계는 그냥 시험 삼아 해보는 것이 아니었다. 여러 해 동안 우주비행사가 되려는 꿈은 내 일상을 지배했다. 지원서 양식에는 과학 학위나 조종사 면허 외에도 건강진단서 그리고 특히 우주비행사가 되고 싶은 이유를 설명하는 소개서가 있었다. 그즈음에는 우주로 떠나고자 하는 열망이 나의 삶을 이끈 지 거의 20년이 지나 있었지만, 나의 동기를 온전히 표현하고, 중력에 집착하는 물리학자로서 내가 우주 탐사의 미래에 어떻게 기여할 수 있을지 구체적인 언어로 표현하려니 몇 주가 걸렸다. 등록한 지원자 중 8413명만 1차 심사를 통과했다. 이렇게 우주에 한 걸음 더 가까워졌지만 아직 갈 길이 멀었다.

8413명의 후보 중 다시 918명이 선발되어 그해 여름에 첫 번째 심리테스트를 받기 위해 함부르크로 초대를 받았다. 나도 거기 포함되었다. 이 단계에서 이미 등록한 지원자 중 90퍼센트 이상이 꿈을 접어야 했지만 내 도전은 이제 막 시작되고 있었다. 나는 여름 학기에 우주상수cosmological constant 문제에 관한 강의를 하기 위해 스톡홀름에 막 도착한 상태였다. 유럽 전역뿐만 아니라 중국, 미국, 이란에서 도착한 박사학위 과정 학생들이 여름 학교에 참석하기 위해 찾아왔지만, 나는 테스트를 받기 위해 함부르크에 잠시 다녀와야 해서 학생들에게 양해를 구하고 하루를 뺐다. 인터뷰 전날 밤에 야외 테라스의 탁자에 앉아 있었는데 익숙한 목소리가 들려왔다. 당시 내가 살고 있던 캐나다에서 스웨덴으로 날아온 지 얼마 안 됐고, 그날은 다시 함부르크로 왔으니 시차에 아직 적응이 안

되어 헛것을 들었나 싶었다. 그런데 내 옆에 앉아 있던 사람이 8년 동안 얼굴을 못 보고 살았던 친구 프레데리카인 것을 알고 내가 얼마나 놀랐을지 상상해보라. 프레데리카는 NASA의 제트추진연구소에서 인턴으로 일하던 2000년 당시 캘리포니아공과대학교의 룸메이트였다. 그러니 우리가 우주를 향한 각자의 열정을 좇다가 이렇게 다시 또 다른 교차로에서 만나게 된 것이 그리 놀랄 일이 아니었는지도 모르겠다.

이튿날은 결코 만만한 날이 아니었다. 우리 그룹의 지원자들은 모두 컴퓨터 앞에 앉아 논리 퍼즐, 영어 능력 시험, 과학 퀴즈, 행동 테스트 등 다양한 시험을 보았다. 하루를 보내며 스트레스와 피로가 쌓이자 의외로 분위기가 더 이완되고 친근해졌다. 답답한 컴퓨터실에서 힘들게 시험을 치르다 보니 모든 사람이 이 과정을 함께 겪어 나가고 있다는 게 실감됐다. 어쩌면 이것이 유럽우주국의 의도였는지도 모르겠다. 하루가 끝날 무렵 우리 사이에는 말로 표현하기 힘든 유대감이 생겨났고, 우리 중 많은 사람이 이후로 긴장되는 몇 달 동안 계속 서로 연락을 하며 지냈다.

시험이 있고 몇 주가 지난 어느 날 오전, 탈락 메시지가 비처럼 쏟아지기 시작했다. 프레데리카는 다음 단계에 진출하지 못했다. 우리 그룹에 속한 약 40명의 다른 지원자도 마찬가지였다. 나는 오전 내내 불안 속에서 이메일 목록을 새로고치면서 무소식이 희소식이기를 바랐다. 그렇게 상황이 진정되고 나자 첫 번째 심리테스트에서 192명이 통과한 것으로 밝혀졌다. 놀랍게도 나는 두 번째 선발 과정을 위해 쾰른으로 초대된 2퍼센트의 지원자에 들어 있었다. 두 번째 선발 과정에는 유럽우주국 회원 및 우주비행사들과 함께 진행하는 팀 기반의 스트레스 검사와 면담이 잡혀 있었다.

2008년 10월 13일, 나는 모두 남성인 다섯 명의 후보자들과 함께 쾰른에 있는 유럽우주비행사센터European Astronaut Centre에 도착했다. 그날은 우주비행사 게르하르트 틸레Gerhard Thiele를 만나고, 우주비행사 훈련 시설을 둘러보는 등 개인적으로 특별히 기억에 남는 순간으로 가득했다. 그날 둘러본 시설 중 가장 생생하게 기억나는 부분은 중성부력시설Neutral Buoyancy Facility이었다. 이것은 우주비행사들이 제로중력 임무를 대비해서 무중력 상태의 감각에 익숙해질 수 있도록 고안된 10미터 깊이의 거대한 수영장이었다. 나는 잠수 자격증이 있었기 때문에 이런 감각이 낯설지 않았다. 나는 우주 임무 장비를 다루면서 유리로 둘러싸인 이 놀라운 시설 안에서 잠수하는 것이 어떤 느낌일지 자꾸만 상상이 됐다. 그리고 어쩐 일인지 그런 상상을 하다 보니 그날의 남은 일정에 대비해서 마음을 다잡는 데 도움이 됐다.

정말 얼마나 대단한 하루였는지! 우리는 다양한 테스트를 받았는데 대부분 스트레스가 심한 상황에서 팀의 능력을 평가하기 위해 고안된 것이었다. 우리 여섯 명은 정글을 가로지르며 가상의 구조 임무를 수행하는 것으로 하루를 시작했다. 우리는 자원이 제한되어 있고, 밤이 다가오고 있으며, 조심하지 않으면 우리 중 일부는 돌아가지 못할 수도 있음을 아는 상태에서 위험한 임무를 계획

중력이라는 아름다움

할 것을 요구받았다. 우리가 브레인스토밍을 하는 동안 유럽우주국의 여러 심리학자와 전현직 우주비행사 들이 우리의 행동 하나하나를 꼼꼼하게 기록했다. 우리의 가상 구조 임무가 성공적이었는지는 중요하지 않은 것 같았다. 내가 생각하기에는 우리가 하나의 팀으로서 얼마나 잘 협력하는지가 중요해 보였다. 정글 모험 이후에는 비행기들이 북적거리는 가상의 공항에서 항공교통관제사로 짝을 이루어 연료가 떨어져가는 여러 대의 비행기를 착륙시키는 임무를 수행해야 했다. 여기에는 반전이 있었다. 두 사람이 각각 절반의 정보에만 접근할 수 있었기 때문에 임무를 완수하려면 파트너와 정교하게 소통하고 협력해야만 했다. 내 차례를 기다리는 동안 한 팀이 상대방의 상황 처리 방법을 불평하며 방에서 뛰쳐나오는 것을 보았다. 그것을 보며 나와 파트너가 함께 통과하거나 아니면 함께 떨어질 것이라는 사실을 분명히 알 수 있었다. 그날 중요한 것은 개인이 아니라 팀이었다.

두 번째 선발 과정에서는 80명 정도의 지원자가 선발될 것으로 예상했지만 12월에 나온 결과를 보니 통과한 사람은 42명뿐이었다. 내 항공교통관제사 파트너와 나는 그 42명에 들어 있었다. 쾰른에서 우리 팀에 속해 있던 나머지 사람 중에는 통과자가 없었다. 거기까지 오니 등록된 지원자 중에서 99.5퍼센트 이상이 탈락했다. 이제 조금만 더 버티면 됐다.

2009년 1월 초 나는 가혹한 캐나다의 겨울을 빠져나와 조교수 연구원 면접을 보기 위해 스위스로 왔다(우주비행사의 꿈이 좌절될 경우를 위한 대비책이었다). 며칠 후인 1월 25일에 나는 세 번째 심사를 받으러 갔다. 1주일간 툴루즈에서 진행되는 건강검진이었다. 나는 영국, 스웨덴, 독일, 핀란드, 스위스에서 온 다른 여섯 명의 후보와 합류했다. 이번에도 모두 남성이었다. 우리는 금세 스스로를 '7인의 궤도 비행자'라 부르기 시작했다. 이 건강검진은 무엇 하나 허투루 넘기는 것이 없이 철저했다. 나는 엑스선 검사, CAT 검사, 초음파 검사, 주사 검사 그리고 추가로 대장내시경 검사까지 받았다. 그리고 혈액, 뼈, 눈, 폐, 심장, 뇌 그리고 다른 장기들까지도 꼼꼼히 점검받았다. 내 몸에 조금이라도 이상이 있었다면 백이면 백 발견되었을 것이다.

그 주가 끝날 즈음 나는 담당 의사와 면담을 했다. 의사는 결과가 아주 좋게 나왔다고 했다. 이제 결핵 검사 결과만 기다리면 된다고 했다. 그 말에 나는 의사와 함께 웃었다. 나는 결핵이 있을 리 없다고 확신하고 있었다. 내게 결핵이 있었다면 나도 분명 알았을 것이다. 결핵은 심한 기침 발작을 동반하는 병이다. 그리고 나는 어린 시절부터 결핵 예방 접종을 받았다. 결핵 검사도 여러 번 받았는데 그때마다 결과는 음성이었다.

하지만 결국 내게 농담 같은 일이 일어나고 말았다. 얼마 전에 더 정확한 결핵 검사법인 콴티페론-TB QuantiFERON-TB 검사가 새로 도입되었다. 나는 캐나다로 돌아가는 비행기에 탑승하며 휴대전화를 끄려다가 그 검사 결과가 담긴 메시지가 와 있는 것을 알게 됐다. 잠복 결핵 양성이었다. 마다가스카르에서 살던 어린 시절이 나도 모르는 사이 내 몸에 남긴 작은 기념품이 틀림없었다. 그 순간 나는 내 꿈이 허공으로 증발해 사라졌음을 깨달은 채 비행기에 몸을 실었다.

실패할 수밖에 없는 이론

내가 실패할 수밖에 없는 운명임을 처음부터 알았어도 몇 년 동안 그렇게 훈련을 하고 그 모든 테스트를 받았을까? 그랬을 거라 생각하고 싶다. 별을 향해 날아가는 것은 분명 대부분의 사람에게 실패할 수밖에 없는 꿈이다. 하지만 그래도 나는 그것을 시도했다가 실패했다고 후회하는 사람은 한 번도 본 적이 없다. 최종 후보 명단 42명에 들었던 흥분은 세상을 다 준대도 바꾸지 않을 소중한 경험이었다. 더 중요한 점은 소수의 사람만이 경험할 수 있는 방식으로 중력과 긴밀하게 교감하며 함께 춤을 춰보겠다고 스쿠버 다이빙과 비행기 조종법을 배우지 않았을지도 모른다는 것이다. 무엇보다 실패와 마주하는 것은 인간의 경험에서 필수적인 부분이다. 이 경험은 나를 더 강하게 만들고, 매일 실패와 마주하는 것이 일상인 과학 연구에 내가 더 준비될 수 있게 해주었다.

 일반상대성이론은 큰 성공을 거둔 이론이지만, 이 이론에서 정말 특별한 점은 스스로의 몰락을 예측하고 있다는 것이 아닐까 싶다. 이것은 한 이론이 누릴 수 있는 가장 우아한 특성이라 할 수 있으며, 자연의 법칙에 대한 우리의 사고방식을 새롭게 바꾸어놓았다. 일반상대성이론이 공식화되기 전에는 자연의 법칙으로 우리 주변의 세계를 설명하면서도, 이런 법칙으로 자연을 적절히 설명할 수 없는 경우가 언제 찾아오는지 분명히 알 수 없었다. 예를 들어 뉴턴의 중력 법칙은 문제가 있다는 것이 잘 알려져 있었는데도 이 법칙이 모든 상황에서 중력의 힘을 올바르게 설명해주리라는 믿음이 있었다. 이런 믿음이 어찌나 확고했는지, 태양계 안의 다른 행성이나 물체의 인력을 고려해도 수성의 궤도가 뉴턴의 법칙에서 예측하는 궤도와 정확히 일치하지 않는다는 것을 깨달았을 때조차 과학자들은 아직 발견되지 않은 새로운 행성이 존재한다고 가정하는 것 말고는 다른 논리적 결론을 내릴 수 없었다.

뉴턴이 예측한 것과의 차이는 0.000008퍼센트 정도로 아주 미세했다. 이는 태양계의 다른 행성들이 수성의 궤도에 미치는 영향보다 열 배 정도 낮은 수준이다. 1859년에 프랑스의 천문학자 겸 수학자인 위르뱅 르베리에Urbain Le Verrier는 벌칸Vulcan이라는 작은 행성의 존재를 상정함으로써 이런 차이를 설명할 수 있었다. 이 행성의 질량과 위치는 놀라운 정밀도로 예측이 가능했다. 그리고 실제로 1859년 3월 26일에는 프랑스의 의사이자 열정적인 아마추어 천문학자인 드몽 모데스트 레스카르보Edmond Modeste Lescarbault가 르베리에의 예측과 정확히 일치하는 위치에서 검은 반점이 태양 앞을 지나는 것을 관측하여 새로운 행성의 존재를 증명했다고 주장했다. 르베리에는 과학계를 설득하는 데 어려움을 겪었지만 죽는 날

중력이라는 아름다움

까지도 벌칸의 존재를 확신하고 있었다. 결국 잘 알려진 관찰 사실을 훨씬 더 잘 알려진 뉴턴의 중력 법칙과 양립시킬 방법이 이것밖에 없었기 때문이다.

　그로부터 56년을 기다리고 나서 아인슈타인의 일반상대성이론이 등장하면서 과학자들은 수성의 운동을 새로운 행성 및 다른 형태의 질량이나 물질이 아니라 중력 그 자체로 설명할 수 있음을 받아들일 준비가 됐다. 바꿔 말하면 기존에 알려져 있던 모든 시스템에 대해 정확하고 훌륭한 설명을 제공할 수 있었던 뉴턴의 중력이론이 결국에는 실패했다는 의미였다. 뉴턴이 1687년에 중력의 법칙을 공식화했을 때만 해도, 그로부터 두 세기 후에 중력이론에 작은 수정이 필요하다는 것을 밝혀줄 관찰이 등장하리라는 것을 알길이 없었다. 현실과의 연관성이 깨지기 전까지 뉴턴의 법칙은 중력에 대한 궁극의 설명이라 여겨졌다. 반면 일반상대성이론은 처음부터 기대치를 현실적으로 설정했다. 일반상대성이론이 결국에는 현실의 구조를 설명하는 데 실패하리라는 사실은 처음부터 당연하게 받아들여져 왔다. 오늘날 대부분의 이론물리학자들이 고민하는 것은 일반상대성이론이 실패할지, 실패한다면 그 이유가 무엇일지가 아니라 그다음에 등장할 이론이 무엇이냐는 것이다.

블랙홀과 특이점

뉴턴의 중력 법칙에 따르면 중력의 끌어당기는 힘은 질량 있는 물체에 가까이 다가갈수록 커지고 멀어질수록 약해진다. 뉴턴의 역제곱 법칙에 따르면(1장 참고), 두 물체가 멀어지면 그들이 서로에 미치는 중력의 인력은 둘 사이 거리의 제곱에 반비례해서 약해진다. 우리가 우리은하 중심부에 자리 잡은 초대질량 블랙홀인 궁수자리 A*의 뱃속으로 빨려 들어가지 않을까 걱정하면서 하루하루를 보낼 필요가 없는 이유도 이 때문이다. 이 블랙홀의 존재를 확인해주는 관찰 증거가 압도적으로 많다는 것은 부정할 수 없다. 하지만 지나치게 걱정할 필요는 없다. 다행인지 불행인지, 요즘 우리에게는 이 지구에서 처리해야 할 더 시급한 문제들이 차고 넘치니까 말이다. 하지만 만에 하나 우리가 우주 먼 곳으로 여행을 가서 이 블랙홀에 가까이 다가갈 일이 있다면 일의 우선순위가 바뀔지도 모르겠다.

뉴턴의 역제곱 법칙을 진지하게 받아들여 반대쪽 극한으로 밀어붙여보자(즉, 두 물체가 아주 가까워졌다고 해보자). 두 질량체 사이의 거리가 줄어듦에 따라 둘 사이의 중력도 무한대로 커지리라 추론할 수 있다. 이것이 바로 특이점singularity이다.* 무한이라고 하면 약

---

* 이 책에서 말하는 특이점은 측정하거나 느끼거나 관찰할 수 있는 어떤 양이 무한대가 되는 시공간상의 한 지점을 지칭한다.

간의 불편감, 더 나아가 어지러움이 함께 따라온다. 수천 년 동안 인류는 이 개념과 불편한 관계를 이어왔다. 특이점의 경우에도 자연은 동일한 문제와 마주치게 된다. 다행히도 뉴턴의 중력 법칙에서는 두 물체 사이의 거리가 사라졌을 때 등장하는 무한한 힘을 너무 심각하게 받아들일 필요가 없다. 우리는 한 질량을 한 점에 국한시키는 것이 한마디로 불가능하다는 것을 알고 있다. 질량 있는 물체는 모두 너비를 가지고 있기 때문이다. 공 2개를 점점 더 가까이 모으다 보면 결국에는 서로 맞닿게 되고, 더 이상은 가까이 모을 수 없게 된다. 물체의 너비를 고려하면 뉴턴의 중력 법칙에서는 진정한 특이점은 절대 존재할 수 없다. 하지만 이것이 바로 일반상대성이론에서 예측하는 블랙홀의 다른 점이다.

일반상대성이론의 법칙들은 3장에서 살짝 언급한 아인슈타인 방정식의 지배를 받는다. 너무 구체적인 내용까지 들어가지는 않겠지만 이 방정식은 물질이 시공간을 어떻게 휘어놓는지 그리고 이 시공간의 곡률이 그 안에 사는 모든 존재에 어떤 영향을 미치는지 말해준다. 앞에서 얘기했듯이 대부분의 상황에서 이 방정식은 정확한 해를 구하기가 불가능하다. 대신 보통은 단순화를 통해 근사적인 해법을 구한다. 이런 근사법은 완벽하게 옳거나 정확하지는 않지만 쓸 만한 통찰을 제공한다. 사실 아인슈타인의 일반상대성이론 방정식에서 정확한 해를 얻을 수 있는 경우는 몇 가지에 불과하다. 블랙홀의 해가 그중 하나다. 이 블랙홀의 해는 중력이 다른 모든 힘을 압도해서 빛조차 탈출할 수 없을 정도로 강력한 중력의 인력을 만들어내는 천체를 기술한다. 모든 척도에서 일반상대성이론을 진지하게 받아들인다면 블랙홀은 어떤 근사법도 적용되지 않는 아인슈타인 방정식의 정확한 해가 될 것이다.

우리는 보통 시공간이 휘어졌다고 하면 무언가에 의해 휜 것이라 생각한다. 예를 들면 항성, 행성, 심지어는 먼지 알갱이 하나에 의해 휜다고 말이다. 2장에 나온 트램펄린 비유의 경우에서는 트램펄린 위에 올려놓은 공이 트램펄린의 표면을 휘게 만들었다. 하지만 블랙홀에서 정말로 특이한 점은 블랙홀이 존재하기 위해 다른 무언가의 존재가 필요하지 않다는 것이다. 이 정확한 해는 진공 속에 존재한다. 그곳에는 아무것도 존재하지 않으므로, 무언가 블랙홀의 중심부에 도달하는 것을 멈춰줄 것이 존재하지 않는다는 의미가 된다. 우리가 그 중심부로 낙하하지 않게 막아줄 것이 없으므로 우리는 시공간의 곡률이 실제로 무한대인 지점을 경험하게 된다. 바꿔 말하면 일반상대성이론을 우주에 대한 완벽한 설명으로 진지하게 받아들인다면, 특이점도 우리 현실의 일부로 받아들여야 한다는 것이다.

이런 상황이 너무 터무니없어 보였기 때문에 일반상대성이론이 발전된 후로도 오랫동안 사람들은 블랙홀이라는 개념을 진지하게 받아들이지 않았다. 1939년에 아인슈타인은 《수학연보》에 논문을 발표해서 슈바르츠실트 특이점Schwarzschild singularity(즉, 현재 블랙홀의 해로 알려져 있는 것)이 물리적인 실재가 아니라고 주장했다.[9] 하지만 1965년과 1970년 사이에 발표된 일련의 놀라운 논문을 통해

중력이라는 아름다움

로저 펜로즈와 스티븐 호킹이 몇 가지 정리를 증명해 보였고, 이는 결국 특이점이 일반상대성이론에서 필연적인 예측이라는 결론으로 이어졌다.[10-13] 블랙홀의 해는 현실과 동떨어진 모호한 해가 아니라 일반상대성이론의 핵심이자 항성의 중력 붕괴에서 찾아오는 필연적인 최종 상태(그리고 잠재적으로는 우리 우주의 최종 상태)로 인정받게 됐다.

요약해보자. 한편으로, 일반상대성이론에서 중심부에 특이점을 품고 있는 블랙홀의 존재는 필연적이다. 하지만 다른 한편으로, 이런 특이점의 존재는 그 지점에서 우리 우주를 설명할 수 없게 만든다. (다양한 지점을 연결하고 있는 실인) 곡률을 한계점 넘어서까지 잡아당길 수 있다면 시공간의 구조를 이해하는 것이 어떻게 가능하겠는가? 블랙홀 내부에 특이점이 존재한다는 것은 우리 현실의 구조에 너무나 치명적이기 때문에 이것을 논리적으로 설명할 방법은 단 하나, 일반상대성이 전적으로 옳을 수는 없다는 결론밖에 없다. 블랙홀의 중심에 가까워짐에 따라, 우리가 특이점에 도달하기 전에 일반상대성이론이 붕괴하면서 실재에 대해 적절한 설명을 제공하지 못하는 지점이 찾아온다. 여기에서 중력에 대한 더 나은 설명이 나와야 한다. 펜로즈와 호킹의 특이점 정리는 우리를 피할 수 없는 결론으로 이끈다. 즉, 일반상대성이론이 특이점을 예측하고 있으나, 이런 특이점에서 시공간의 구조를 더 이상 이해할 수 없다면 이 지점에서 일반상대성이론은 실패한다는 것이다. 이렇듯 일반상대성이론은 자신의 몰락을 예측하고 있다.

일반상대성이론을 양자역학의 법칙과 결합하면 훨씬 정확해질 수 있다. 곡률의 척도가 플랑크 에너지Planck energy 척도에 도달하면 일반상대성이론을 더 이상 신뢰할 수 없다. 그전에 이미 신뢰성을 상실할 가능성도 있다. 우리는 곡률이 이 플랑크 에너지 척도와 가까워지는 시공간 영역에 다가감에 따라 양자 보정quantum correction이라는 온갖 요소가 작용하여 일반상대성이론의 예측을 압도한다는 것을 알고 있다. 어째서 이런 일이 일어나는지 이해하려면 먼저 실재의 구조를 설명할 때 플랑크 에너지 척도가 맡는 핵심적인 역할에 대해 먼저 얘기해야 한다.

플랑크 척도와 양자 효과

1687년에 제시한 만유인력의 법칙에 뉴턴은 중력상수(G_N)를 포함시켜야 했다. 이것은 질량을 가진 물체가 서로에게 가하는 중력의 힘을 규정한다. 이 뉴턴상수 혹은 중력결합상수gravitational coupling constant는 제1원리로부터 연역할 수 없고 반드시 경험적으로 결정해야 한다. 이 값은 약 $6.67 \times 10^{-11} \mathrm{m}^3 \mathrm{kg}^{-1} \mathrm{s}^{-2}$이다. 이 수식을 이해할 수 있는 용어로 옮겨보자. 두 명의 우주비행사가 다른 모든 것으로부터 멀리 떨어져 있는 우주 공간에서 서로 1미터 떨어진 채로 떠 있다고 해보자. 중력결합상수에 따르면 두 우주비행사는 약 $10^{-8} \mathrm{m/s}^2$의 가속도로 서로에게 중력의 인력을 행사하게 된다. 정

　　　　　　　　　　　　　　　중력이라는 아름다움

지 상태에서 시작했다면 몇 밀리초 이후에 두 사람은 정원에서 흔히 보이는 달팽이에 견줄 만한 속도로 서로를 향해 다가가게 될 것이다. 이렇게 설명하고 나니 중력이 그리 해롭게 느껴지지 않는다. 하지만 두 사람이 점점 가까워짐에 따라 중력의 인력이 점점 강해져, 우주비행사들은 4시간 안에 서로의 품에 안기게 될 것이다. 지구에서였다면 다른 효과들이 중력을 방해하겠지만, 텅 빈 우주 공간 한가운데서는 항상 중력의 인력에 의해 근처의 질량 있는 물체를 향해 끌려가게 된다. 이런 현상이 일어나는 속도는 이 중력결합 상수에 의해 결정된다.

아인슈타인의 일반상대성이론은 뉴턴의 중력이론을 뛰어넘지만 여전히 동일한 중력상수를 사용한다. 일반상대성이론에 따르면 두 명의 우주비행사는 동일한 상수에 지배되는 동일한 속도로 동일한 결과를 경험하게 될 것이다. 하지만 일반상대성이론에서는 이 상수가 물질, 에너지 그리고 우리 우주에 살고 있는 다른 모든 것이 시공간의 구조를 휘는 정도를 규정하고, 이어서 이 곡률이 그 위에 살고 있는 모든 것에 얼마나 큰 영향을 미칠지를 규정한다.

아인슈타인의 수많은 혁신 중에서도 일반상대성이론이 가장 위대한 업적이라는 데는 논란의 여지가 없지만, 대중문화에서 가장 잘 알려진 업적은 따로 있다. 대부분은 아인슈타인의 단순하면서도 심오한 공식인 $E=mc^2$이 훨씬 익숙할 것이다. 아인슈타인은 일반상대성이론으로 이어지는 길을 닦아준 특수상대성이론을 유도하다가 이 유명한 방정식을 도출했다. 이 방정식에 따르면 정지 상태에 있는 입자는 자신의 관성 질량 m과 광속 c의 제곱에 비례하는 에너지를 갖고 있다.* 이 공식을 통해 질량의 개념이 에너지의 개념과 불가분의 관계로 얽혀 있음을 이해할 수 있다. 물리학의 거의 모든 단위는 어떤 형태로든 에너지로 전환할 수 있다. 일례로 시간을 생각해보자. 100미터를 10분 안에 가야 한다면 피곤할 일 없이 아주 기분 좋은 속도로 걸어갈 수 있겠지만, 시간이 20초밖에 없다면 결승선에 도달할 때는 숨이 찰 것이다. 시간이 줄어든다는 것은 곧 에너지가 증가한다는 말이 된다.

양자이론은 이런 연결을 공고히 해준다. 양자역학에서는 파동과 입자의 이중성을 암시하고 있는데, 이 부분에 대해서는 7장에서 다루겠다.

이 이중성은 진동의 두 마루 사이의 거리를 측정한 값인 파동의 파장 λ와 입자의 운동량 p 사이의 관계로 번역된다. 드 브로이 관계식에 따르면 $p=h/\lambda$이다(여기서 h는 플랑크 상수). 양자적 관점을 받아들이면 플랑크 상수 h를 통해 모든 거리를 운동량으로 변환할 수 있고, 그 역도 가능하다. 빛의 속도 c의 형태로 특수상대성이론까지 함께 고려하면 플랑크 상수를 이용해서 시간을 에너지로 변환할 수 있다.

---

* 한 가지 중요한 사실이 종종 간과되고 있다. 이 공식이 사실은 정지 상태의 입자에만 유효하다는 것이다. 운동하는 입자라면 그 속도 혹은 운동량을 함께 고려해야 해서 공식이 더 복잡해진다. 이것이 광자가 질량이 없는데도 에너지를 실어 나를 수 있는 이유다. 광자는 항상 움직이고 있기 때문이다.

자연의 두 기본 상수인 h와 c를 사용하면 질량이든 시간이든 심지어 거리 그 자체든 모든 것을 에너지 척도와 연관 지을 수 있다. 플랑크 자신도 1899년에 플랑크 상수를 소개한 논문에서 이미 이것을 깨닫고 있었다. 알고 보니 이 개념은 양자물리학에서 필수적인 개념이었다. 그는 중력결합상수 G_N을 에너지 단위로 변환함으로써 요즘에는 플랑크 에너지 척도Planck energy scale (M_{Pl})라고 부르는 것을 유도할 수 있었다. 플랑크 에너지 척도는 대략 100킬로와트시 정도다. 이것은 영국의 일반적인 가정에서 10일 동안 소비하는 에너지에 해당한다. 요즘에는 플랑크 에너지 척도가 양자 중력 효과가 중요해지는 에너지 척도라는 것을 이해하고 있다. 플랑크 에너지 척도를 정의할 때 플랑크 상수가 중요한 이유다.

근본적으로 중력은 빛과 마찬가지로 양자적 현상으로 다룰 수 있고, 또 그래야 한다(이 경우 역시 그 이유는 7장에서 다루겠다). 플랑크 에너지 척도 아래서는 중력의 양자적 성질을 설명하기가 상대적으로 간단하다. 양자 효과가 고전물리학에서의 효과와 어떻게 다른지를 말하는 양자 보정의 크기가 작고, 그 통제 아래 있기 때문이다. 일반상대성이론이 유효할 것으로 기대되는 낮은 에너지에서는 중력이 고전적인 현상으로 보인다. 그러나 시공간 곡률이 커져서 플랑크 에너지 척도에 도달했을 때는 상황이 급변한다.** 이

** 비교하자면 구체의 표면은 그 구체의 반지름이 플랑크 길이인 10^{-33}센티미터일 때 플랑크 척도에 해당하는 곡률을 갖는다.

런 경우에는 양자 보정이 고전적인 기여를 압도하기 때문에 다루기가 아주 까다로워진다. 우리가 지금 가지고 있는 도구로는 정확히 어떤 결과가 나올지 판단할 수 없지만 이것이 일반상대성이론의 고전적 예측과 동일한 패턴을 따르리라 기대할 수는 없다.

100킬로와트시라고 하면 별로 큰 에너지가 아닌 듯 보일 수도 있다. 특히 한겨울에 집안을 따뜻하게 난방하려는 경우라면 시시해 보일 양이다. 하지만 물리학 법칙을 지배하는 자연의 다른 기본 힘(화학에서 원자와 원자핵의 내부 구조에 이르기까지 모든 것을 설명하는 전자기약력과 강력)이라는 관점에서 보면 이것은 어마어마한 척도다. 이것은 정지 상태의 전자가 담고 있는 에너지보다 22자릿수 정도 큰 에너지다. 이런 막대한 수준의 에너지를 예를 들어 양성자 크기 안에 가두려고 하면 현재의 최첨단 가속기인 유럽입자물리연구소Conseil Européen pour la Recherche Nucléaire(CERN)의 대형강입자충돌기Large Hadron Collider(LHC)보다 15자릿수나 더 강력한 입자가속기가 필요하다. 입자가속기의 에너지 수준을 1자릿수나 2자릿수만 끌어올리려고 해도 수십 년이 걸리고, 자릿수를 올릴 때마다 그 어려움이 기하급수적으로 커진다는 점을 고려하면 입자가속기가 플랑크 에너지 척도에 도달하는 것이 얼마나 어려운 일인지 상상하기도 쉽지 않다. 따라서 지구에서는 플랑크 척도의 입자가속기를 절대로 만들 수 없으리라 예측하는 것도 무리는 아니다. 설사 그것이 가능하다 할지라도 현재의 물리법칙 안에서는 그런 실험의 결과가 어떻게 나올지 예측할 수 없고, 그 실험에서 과연 지구가 살아

중력이라는 아름다움

남을 수 있을지도 장담할 수 없다. 다만 우리가 실재를 기술할 때 사용하는 현재의 물리법칙들이 더 이상 적용되지 않으리라는 점만큼은 분명히 말할 수 있다.

본질적으로 이것은 빛의 속도에 가까워질 때 뉴턴 역학에서 일어나는 일과 크게 다르지 않다. 충분히 낮은 속도에서 뉴턴 역학은 완벽히 받아들일 만하고, 예측도 뛰어나다. 하지만 빛의 속도에 가깝게 가속함에 따라 뉴턴의 이론은 실패하고, 특수상대성이론의 보정 효과가 중요해진다. 일반상대성이론과의 결정적인 차이는 플랑크 척도에 가까운 곡률에 다가감에 따라 일반상대성이론이 붕괴할 것을 우리가 처음부터 이미 알고 있다는 것이다. 물론 그 영역에 들어갔을 때 실제로 무슨 일이 일어날지는 알 수 없다. 우리는 그 영역에서 일어나는 일을 명확하게 보여줄 '모든 것의 이론 theory of everything'을 아직도 기다리고 있지만, 일반상대성이론은 이미 우리의 바람을 훨씬 뛰어넘는 것을 우리에게 제공해주었다. 바로 자신의 몰락을 스스로 예측했다는 점이다. 그리고 그렇게 함으로써 우리가 현재 이해하고 있는 것의 한계를 넘어설 기회를 열어주었다.

블랙홀 내부로의 여행

지구 표면에서는 시공간 곡률이 플랑크 에너지 척도보다 약 45자릿수 정도 낮다. 우리 태양계 어디를 가도 이보다 크게 높아질 일은 없다. 적어도 지금 당장은 그렇다. 하지만 지구든, 태양이든, 태양계 내의 어느 다른 행성이든, 영원히 존재하지는 않을 것이다. 우리 태양계는 약 45억 년 전 항성 혹은 초신성이 폭발하면서 남겨진 가스와 먼지로부터 탄생했고, 그 후 중력에 의해 응집되었다. 이 중력의 힘은 태양의 중심부에서 가스를 점화시켜 항성의 연소 과정을 개시할 수 있을 정도로 강했다. 하루하루가 지나고, 한 해 한 해가 지나도 태양이 변화하지 않는 듯 보이는 이유는 태양의 중심부에서 팽창하려는 가스의 힘과 중력에 의해 붕괴되려는 힘이 거의 완벽한 평형 상태를 이루고 있기 때문이다.

하지만 약 50억 년 후에는 연료가 바닥나기 시작하면서 태양이 적색거성red giant으로 변하고, 이 과정에서 지구를 집어삼키게 될 것이다. 여기서 또 10억 년 정도가 지나면 가스의 팽창력이 더 이상 중심부에서 끌어당기는 중력의 힘을 상쇄할 수 없는 지경에 이르게 된다. 이 시점이 되면 태양은 외곽층을 행성상 성운planetary nebula으로 방출해서 새로운 항성계의 탄생을 돕게 될 것이다. 그리고 한편으로 태양의 중심부는 더 이상 중력을 버티지 못하고 스스로 붕괴될 것이다. 이렇게 되면 태양 질량의 상당 부분이 지구보다 별로 크지 않은 영역 안에 갇히게 될 것이다. 그러면 태양은 남아 있는 열로 희미하게 빛나는 백색왜성white dwarf이 될 것이다. 이것은 우리 태양계의 역사에서 가장 극적인 사건이 될 테고, 이즈음이면 어떤 식으로든 인류는 이미 사라졌을 것이다. 하지만 일반상대성이론의 관점에서 보면 이것은 여전히 더할 나위 없이 순조로운 항해로 간주된다. 백색왜성이 된 태양의 시공간 곡률은 플랑크 에너지 척도보다는 30에서 35자릿수 낮은 수준을 유지할 것이고, 이것은 여전히 예측을 완전히 신뢰할 수 있는 영역에 해당한다.

하지만 우리의 태양은 질량이 특별히 큰 항성이 아니다. 적어도 우주의 다른 항성과 비교했을 때는 그렇다. 비교를 위해 오리온자리를 생각해보자. 내가 지금 살고 있는 런던에서는 별들이 그리 밝게 보이지 않지만, 그중에서도 오리온자리는 확연히 눈에 들어오는 얼마 안 되는 별자리 중 하나다. 오리온자리에서 제일 밝은 항성인 리겔Rigel은 태양 질량의 20배 정도 되는 청색초거성blue supergiant이다. 현재 리겔 표면의 곡률은 플랑크 척도보다 48자릿수 정도 낮은 수준이다. 이 정도면 일반상대성이론을 편안하게 적용할 수 있는 구간에 속한다. 일반상대성이론의 법칙들은 이런 낮은 곡률의 시공간에서는 충분히 검증이 이루어졌고, 경험적 관찰과 완벽하게 맞아떨어진다. 하지만 이렇게 질량이 큰 경우에는 중력의 인력이 워낙에 강하기 때문에 리겔이 수명이 다하면 남은 질량 대부분이 60킬로미터보다 작은 영역에 갇히게 된다. 이렇게 믿을 수 없을 정도로 작으면서도 믿을 수 없을 정도로 밀도가 높은 항성 중심부의 표면에서도 곡률은 여전히 플랑크 척도보다 39자릿수 정도 낮을 것이고, 일반상대성이론의 법칙들도 여전히 유효할 것이다. 하지만 이렇게 되면 중력의 인력이 엄청나게 강해져서 리겔에 다가갈수록 그 인력에서 벗어나기가 점점 더 힘들어지고, 그러다가 결국에는 돌아올 수 없는 사건의 지평선에 도달하게 된다. 이 지평선에서는 그 무엇도, 심지어 빛 자체도 탈출할 수 없다. 폭포의 가장자리에서 수영을 하면 물살이 점점 더 강해지다 결국에는 아무리 노력해도 물살을 거슬러 올라가지 못하고 폭포로 빨려 들어가는 것처럼, 이 표면에서는 중력이 너무 강해지기 때문에 일단 그 표면을 가로질러 넘어가면 결코 돌아올 수 없게 된다. 이렇듯 리겔처럼 질량이 충분히 큰 항성이 수명을 다하면 거기서 블랙홀이 탄생하게 된다.

블랙홀은 너무나 불투명해서 누구도 그 무엇도 내부를 들여다볼 수 없으며, 그런 시도를 했다가는 그 안으로 길쭉하게 조각나 삼켜져 들어갈 수밖에 없다. 우주가 이런 블랙홀로 가득 차 있다는 생각은 처음에는 꽤 불편하게 느껴졌다. 그러니 과학계가 이런 생각을 받아들이기까지 시간이 걸린 것도 당연하다. 하지만 지금은 블랙홀의 존재를 그냥 받아들이는 정도가 아니라, 불가피하다고 여기고 있다. 앞에서 얘기했듯이 이것은 1960년대에 로저 펜로즈와 스티븐 호킹이 처음으로 깨달았다. 이 발견은 2020년 노벨 물리학상으로 이어졌다. 이 노벨상의 절반은 '일반상대성이론이 블랙홀의 형성을 확실하게 예측함을 발견한 공로로' 펜로즈에게 돌아갔다(안타깝게도 호킹은 2년 앞서 세상을 떠나는 바람에 상을 받을 자격이 없었다). 1990년대 이후로는 하와이에 있는 켁천문대W. M. Keck Observatory*

---

* 1970년대에 처음 설계된 켁천문대는 1996년에야 운영을 할 수 있었다. 이 천문대에는 2개의 망원경이 있는데, 이 망원경에 있는 거울은 당시만 해도 세계에서 가장 큰 거울이었다.

덕분에 우리은하 중심부에 있는 초대질량 블랙홀이 주변 항성에 미치는 영향을 관찰할 수 있었다. 지난 30년 동안 켁천문대 망원경은 우리은하 중심부 항성들의 운동을 추적했고, 이 항성들이 모두 보이지 않는 한 점을 중심으로 궤도 운동을 하고 있음을 밝혀냈다. 이 점은 막대한 질량을 갖고 있지만 밀도가 너무 높아서 블랙홀일 가능성이 대단히 높다. 2020년 노벨 물리학상의 절반은 이 발견에 돌아갔다. 안드레아 게즈Andrea Ghez와 라인하르트 겐첼Reinhard Genzel은 우리은하 중심부에 있는 초대질량 고밀도 천체를 발견한 공로로 이 상을 수상했고, 이로써 게즈는 120년 역사 중 네 번째 여성 노벨 물리학상 수상자가 됐다.

지난 10년 동안 우리는 우리은하 중심부에 있는 궁수자리 A*의 첫 이미지 등 블랙홀의 존재를 말해주는 여러 가지 독립적인 증거를 확보할 수 있었다. 이 이미지는 우리은하 중심부에서 어두운 지역 주변으로 빛을 내는 가스와 굴절된 빛을 보여주었다. 블랙홀은 그 속성 때문에 사진 촬영이 불가능하다. 적어도 직접 촬영하는 것은 불가능하다. 어떤 빛도 그 표면을 떠날 수 없기 때문이다. 그럼에도 이벤트호라이즌망원경Event Horizon Telescope(EHT)은 2019년에 처녀자리 A 은하의 중심부에 있는 물체의 그림자를 포착하고, 2022년에 궁수자리 A*의 그림자를 포착함으로써 그 불가능해 보이는 일을 해냈다. 이벤트호라이즌망원경은 지구 전역에 배치되어 함께 작동하는, 8개의 전파망원경으로 이루어진 네트워크다. EHT에서 해당 물체 뒤에서 방출된 빛이 물체의 표면 주변에서 휘어지거나 혹은 물체와 너무 가까워진 경우에는 그 안에 붙잡히는 것이 관찰되었다. 이것이 블랙홀의 모습에 제일 가까운 이미지라 할 수 있으며, 이번에도 역시 일반상대성이론이 안전하게 통제되는 영역 안에서 일반상대성이론의 예측과 흠잡을 데 없이 완벽하게 일치했다.

3장에서 살펴보았듯이 2015년에는 LIGO를 통해 중력파를 최초로 직접 감지함으로써 추가적인 증거가 나왔다. 거기서 검출된 파형이 두 블랙홀이 합쳐질 때 일반상대성이론에서 예측하는 파형과 정확하게 일치했기 때문이다. 두 물체가 그 합병의 춤을 시작한 것이 정확히 언제였는지는 알 수 없다. 수백만 년 전이었을 수도 있고, 수십 억 년 전이었을 수도 있다. 하지만 그들의 크기는 알 수 있다. 두 블랙홀이 하나로 합쳐지기 전, 이 춤의 마지막 몇 밀리초 동안 방출된 중력파 신호에는 각각의 질량에 대한 정보가 각인되어 있다(각각 약 30과 35태양 질량_solar mass). 이렇게 합쳐질 물체의 질량은 약 62태양질량이었다. 따라서 3태양질량 정도가 중력파의 형태로 복사된 것으로 추정된다. 더군다나 방출된 신호의 진폭과 주파수가 일반상대성이론이 블랙홀의 합병에 대해 예측한 내용과 완벽하게 일치했다.

호킹과 펜로즈가 블랙홀 존재의 불가피성을 펜과 종이로 증명한 내용을 우리가 꼼꼼하게 따져본 것도 아니니 당신이 회의적인 태도를 보인다고 해도 탓할 수 없을 것이다. 켁천문대, 이벤트호라이즌 망원경, LIGO-VIRGO-KAGRA 탐지기에서 수집한 관찰 증거를 종합적으로 살펴보면 의심의 여지는 거의 없지만, 그래도 블랙홀을 직접 방문해보는 것이 상상하기도 힘든 이 현상에 대해 확신할 수 있는 궁극의 방법이 아닐까 싶기도 하다. 하지만 블랙홀 방문 우주왕복선을 예약하기 전에 여행 보험 약관에 깨알 같은 글씨로 적혀 있는 세부사항을 반드시 확인해보기 바란다. 수명이 다해가는 리겔의 블랙홀로 곧장 뛰어들 경우에는 시공간 왜곡이 너무 심해지기 때문에 사건의 지평선에 가까워지면 당신은 지구에 있는 친구나 가족들보다 수백 배 느리게 나이를 먹게 될 것이다. 그들의 관점에서 보면 당신이 사건의 지평선을 넘어서는 순간에는 아예 나이를 더 이상 먹지 않는 것처럼 보일 것이다.

블랙홀로 뛰어드는 것이 궁극의 항노화 치료법으로 보일 수도 있지만 여기에는 몇 가지 불편한 부작용이 함께 따라온다. 이 경우에는 시간의 왜곡과 더불어 공간의 왜곡도 필연적으로 함께 일어난다. 그래서 몸이 수평 방향에서는 짓눌리면서 동시에 수직 방향으로는 늘어나게 된다. 젊어지는데 날씬해지기까지 한다고? 그럼 좋은 거 아닌가? 글쎄다. 수직 방향으로 지나치게 늘어나다 결국에는 그 힘이 너무 강해져서 당신의 원자 속 입자들을 한데 묶어주던 전자기약력이 더 이상 버티지 못하면 당신의 몸이 기본입자 수준에서 갈가리 찢겨나갈 것이다.

당신이 치명적인 결과로 이어질 다소 불쾌한 블랙홀 탐험을 진행하는 동안 일반상대성이론으로 무장한 이론물리학자들은 여정 내내 당신의 운명이 어떻게 펼쳐질지 완벽하게 확신하고 있을 것이다. 심지어 돌아올 수 없는 블랙홀의 지평선을 넘어선 후에도 확신하고 있을 것이다. 태양 정도 질량의 블랙홀은 사건의 지평선에서의 곡률이 플랑크 척도보다 여전히 39자릿수 정도 낮은 상태이기 때문에 지평선 너머의 영역에서도 일반상대성이론이 실패하지 않는다. 진짜 드라마는 당신이 블랙홀의 중심부로 깊숙이 끌려들어갈 때 시작된다. 블랙홀은 그냥 당신을 집어삼켜 길게 늘이기만 하지 않는다. 당신을 가차 없이 자신의 중심으로 끌어당길 것이다.* 하지만 중심부로 낙하함에 따라 곡률이 급격히 증가하여, 결국에는 이 곡률이 플랑크 척도에 불편할 정도로 가까워질 것이다.

이 지점에 가면 우리가 알고 있는 물리학의 모든 개념이 무너진다. 우리는 이 영역에서 일반상대성이론이 실패하리라는 것을 알고 있다. 굳이 어떤 모순을 관찰할 필요도 없이 이론 자체가 그렇게 예고하고 있다. 이론을 액면 그대로 받아들이면 블랙홀의 중심부에서는 곡률이 무한대가 된다. 즉, 특이점이 나타난다. 하지만 앞에서 보았듯이 이런 개념은 무의미하다. 이 영역에서 어떤 현실이 펼쳐질지 우리는 제대로 알지 못하며, 어쩌면 영원히 알 수 없을지도 모른다. 하지만 일반상대성이론의 실패를 받아들이는 것이야말로 진리에 다가갈 수 있는 유일한 방법이다.

---

* 이것은 곡률이 플랑크 척도에 비해 여전히 30에서 40자릿수 정도 작은 상태로 남아 있는 영역에서 일반상대성이론이 예측하는 내용이다. 이는 일반상대성이론이 잘 검증되어 신뢰할 수 있는 영역이다.

태초 그 이전

블랙홀은 거의 일반상대성이론 자체만큼이나 오랜 시간 동안 과학자들을 매료해왔다. 독일의 물리학자 카를 슈바르츠실트Karl Schwarzschild는 제1차 세계대전 동안 러시아 전선에 배치되어 있었는데도 아인슈타인의 방정식이 발표된 지 27일 만에 정확한 블랙홀의 해를 처음으로 유도해냈다. 일반상대성이론이 발표된 지 불과 27일 만에 자신의 특이점을 드러내며 우리가 가지고 있는 실재의 개념이 붕괴하는 시공간 영역을 밝혀낸 것이다. 하지만 우주에서 일반상대성이론이 실패하는 경우가 블랙홀에만 있는 것은 아니다. 일반상대성이론의 한계를 시험해보려면 시간을 거슬러 올라가야 한다.

우리 우주의 나이는 138억 년이다. 적어도 빅뱅 이후로 지난 시간이 이 정도이다. 시간을 거슬러 우주의 역사 속으로 여행할 수 있다면 지금보다 훨씬 뜨겁고 밀도가 높은 환경을 경험하게 될 것이다. 우주의 나이가 38만 살이 되기 전에는 밀도가 너무 높아서 양성자가 자신의 원자핵 주변에 전자를 붙잡아둘 수 없었다. 그래서 원자가 존재할 수 없었다. 당시는 우주 전체가 기본입자들이 서로 끊임없이 충돌하는 대단히 뜨겁고 밀도가 높은 수프였다(절대온도 4000도). 아직 항성이 만들어지지도 않았고, 구조도 없고, 심지어 가장 단순한 형태의 원자조차 존재하지 않았다. 그래서 눈으로 볼 수 있는 것도 없었다. 당시는 시공간의 곡률이 지금 태양계에서 경험하는 것보다 20자릿수 정도 컸지만, 그래도 플랑크 척도보다는 한참 아래였다.

시간을 더 거슬러 빅뱅 후 불과 10^{-12}초가 지났을 때로 올라가 보자. 그때는 우주가 너무 뜨겁고 밀도가 높아 전자, 빛, 다른 기본 입자 등 우리에게 익숙한 것들이 현재와 같은 형태로 존재하지 않았다. 당시는 시공간 곡률이 플랑크 척도보다 불과 몇 자릿수 낮은 수준이었지만 그래도 일반상대성이론에서 내놓은 예측을 신뢰할 수 있고, 예측도 할 수 있는 안전한 영역 안에 들어 있었다. 거기서 더 거슬러 올라가서 10^{-12}초 이전으로 들어가 보면 우주의 밀도가 훨씬 더 높아져서 우리가 상상할 수 있는 실재의 개념이 모두 붕괴되지만, 그래도 일반상대성이론의 유효성은 그대로 유지된다.

여기서 우주 급팽창cosmic inflation이 일어났을 것으로 생각되는 시간으로 더 거슬러 올라갈 수도 있다. 현재의 관찰에 따르면 빅뱅 후 10^{-33}초쯤, 시공간 곡률이 여전히 플랑크 척도보다 낮았을 때 갑자기 우주가 급격한 가속기를 거치며 순식간이라고 표현하기도 미안한 지극히 짧은 시간 동안 크기가 최소 50자릿수만큼이나 커진 것으로 추측된다. 이 우주 급팽창 기간을 거치는 동안 처음에는 미세하기 그지없었던 시공간 곡률의 양자요동quantum fluctuation이 우주적 크기로 자라나 물질 분포에 요동을 만들어냈다. 훗날 이것이 씨앗이 되어 우리가 현재 알고 있는 은하단cluster of galaxies과 우주의 구조가 만들어졌다.

여기서 더 과거로 거슬러 오르면 시공간 곡률이 가차 없이 증가하다 결국 빅뱅 후 10^{-43}초경에는 플랑크 척도와 비교할 만한 수준이 된다. 이것은 우리가 중력에 대해 아는 모든 것 그리고 심지어 그것의 실패까지 모두 규정하는 척도다. 블랙홀의 중심부에 충분히 가까워지면 일반상대성이론이 가차 없이 무너지는 것처럼, 우주의 탄생 시점으로 시간을 거슬러 올라갈 때도 똑같은 일이 벌어진다. 이것은 우연이 아니다. 1960년대에 스티븐 호킹과 로저 펜로즈가 지적했듯이 우리 우주의 기원에 존재하는 우주의 특이점은 블랙홀 중심부의 특이점과 매우 유사한 방식으로 형성되며, 양쪽모두 일반상대성이론에서는 불가피한 현상이다.

삼시 시간을 내 이 모든 것을 음미해보자. 빅뱅에 가까워지다 보면 일반상대성이론이 실패한다는 것은 그저 종이 위에 적어놓은 수학적 호기심에 불과한 것이 아니다. 이것은 존재론적 차원에서 우리에게 의문을 제기한다. 우리를 구성하는 기본입자마저 존재하지 않는 초기 우주 문제를 해결하는 것은, 쉽지는 않겠지만 할 만한 일이다. 하지만 중력, 공간, 심지어 시간이라는 개념마저 포기해야 한다면 우리 자신의 기원을 이해하기가 더욱 어려워진다. 그래서 더 매혹적이다.

빅뱅에서 일반상대성이론이 실패한다는 것은 우주의 기원이 현재 우리의 이해 수준 너머에 있다는 것을 의미하며, 어쩌면 영원히 그럴지도 모른다. 그저 우리가 우리의 기원을 탐구할 도구가 부족해서 이러는 것이 아니다. 우리에게는 우리가 던지고 싶은 질문을 공식화해서 표현할 적절한 언어조차 없다. 시간이라는 개념조차 사용할 수 없으니 빅뱅 당시 혹은 그 이전에 무슨 일이 있었느냐는 질문조차 의미가 없어진다. 일반상대성이론의 실패를 대단히 실망스럽게 여길 수도 있겠지만, 그 대신 실재의 새로운 층이 등장할 때까지 자신의 무지를 받아들일 수 있는 기회를 얻은 것이라 생각할 수도 있다.

요즘의 물리학자, 특히 나 같은 이론물리학자들은 대부분 실재의 구조를 설명해줄 근본적이고 절대적인 진리라는 개념은 존재하지 않는다고 믿는다. 대신 자연이란 그 진리를 더 깊숙이 파고들어 하나씩 점진적으로 밝혀낼 층들의 중첩이라는 관점을 받아들이며, 연구가 절대 끝나지 않으리라는 점을 인정한다.

더 깊이 이해할수록 우리는 자신의 무지와 한계를 더 명확하게 인식하게 되고, 발견해야 할 것이 얼마나 많은지도 더욱 잘 이해할 수 있게 된다. 일반상대성이론은 자연을 거의 완벽한 그림으로 캔버스 위에 그려냈지만, 이것은 여전히 그림에 불과하다. 실재는 이 너머에 있다.

한 사람의 과학자로서 나는 최대한 정확하고 생생하게 그 실재를 설명할 새로운 방법을 찾고 싶은 마음이 간절하다. 이것을 염두에 두면 순진하면서도 자연스러운 질문이 머리에 떠오른다. 일반상대성이론이 플랑크 척도에 버금가는 큰 곡률에서만 실패하는 것일까? 혹시 터무니없을 정도로 작은 곡률에서도 실패하는 것이 아닐까? 이 간단한 질문이 수천 건의 연구로 이어지고, 또 우리의 우주와 중력 그 자체에 대한 사고방식을 바꾸어놓았다. 우주에 가겠다는 꿈이 좌절된 직후 본격적으로 중력에 대한 탐구를 시작하게 된 계기도 이것이었다. 하지만 이런 일이 왜, 그리고 어떻게 일어났는지 이해하려면 먼저 우리 우주의 과거와 궁극적인 운명에 대해 탐구할 필요가 있다.

5장

우주를
가득 채운 힘

여성 물리학자로 산다는 것

결핵검사 결과가 나오고 몇 달 동안 나는 집중적인 항생제 치료를 받았다. 하지만 이 치료는 예방적인 조치일 뿐, 잠복결핵이라는 진단을 바꿀 수는 없을 것이고, 나는 영원히 이 진단을 안은 채 살아갈 것이다. 이것과 맞서 싸울 수도, 부정할 수도 없었다. 내가 아무리 혹독한 훈련을 받고, 온 마음을 쏟는다 해도 우주를 떠다니고 달 표면을 걷는 일은 절대 내 인생의 일부가 될 수 없다는 사실을 받아들여야만 했다.

나는 이것을 중력과의 모험이 끝난 것이라 보지 않고, 새로운 출발의 기회가 열린 것이라 생각하고 싶다. 3G로 가속하다가 무중력 상태와 만나게 될 수도, 가장 극적인 환경에서 중력을 경험할 수도 없겠지만 중력과 내가 공유한다고 느낀 친밀한 춤은 계속될 것이다. 과학자로서 나는 여전히 중력을 실험하며 나만의 방식으로 파고들 수 있다. 이것은 훨씬 더 혹독한 도전을 받아들여야 한다는 것을 의미하기도 했다. 바로 학자로서의 도전이다. 우주비행사가 되겠다는 나의 꿈을 지탱해준 끈기와 동기가 여기서도 큰 도움이 될 것이었다. 그리고 다행히도 이 여정을 혼자 헤쳐나가지 않아도 된다. 우주비행사 선발 과정에서 동료 후보들과 깊은 유대감을 쌓은 것처럼, 이번 모험에서도 다른 과학자들과의 유대감에 기댈 수 있을 것이다.

이론물리학은 고독한 천재들이 모여 각각 그 안에서 홀로 연구에 매진하다가 유레카의 순간을 맞이하는 분야로 종종 묘사된다. 실제로 '물리학자'로 검색해보면 틀림없이 68세의 알베르트 아인슈타인 사진이 제일 먼저 뜰 것이다. 아인슈타인이 독보적인 천재라는 데는 의문의 여지가 없으며, 70세가 되었을 때 그는 이미 세상에 널리 알려진 인물이었다. 하지만 당연한 사실을 다시 한번 돌아볼 필요가 있다. 우리의 기억과 달리 아인슈타인이 자신의 발견을 대부분 이루었을 때 그는 나이가 많지도 않았고, 혼자도 아니었다. 특수상대성이론, 브라운 운동, 그 유명한 질량과 에너지 등가성 그리고 나중에 노벨상을 가져다줄 연구까지도 내놓은 그 '기적의 해'에 아인슈타인은 고작 26세였다. 그리고 이런 혁신적인 발견은 제임스 클러크 맥스웰, 막스 플랑크Max Planck, 루트비히 볼츠만Ludwig Boltzmann, 하인리히 헤르츠Heinrich Hertz, 헨드리크 로렌츠 등 수많은 다른 뛰어난 과학자들의 공헌 없이는 불가능했을 것이다. 이론물리학자로서 살아남는 데 필요한 가장 어려우면서도 중요한 기술 중 하나는 팀의 일원으로써 함께 연구하는 능력이다. 내 동료 중에는 진짜 천재적이고 독창적이어서 혼자서도 실패의 위험을 피할 수 있는 사람이 있겠지만, 나는 분명 이런 경우가 아니었고, 대부분의 과학자도 마찬가지일 것이다.

성공적인 이론물리학자가 반드시 키워야 할 또 다른 중요한 특성은 자신의 연구 분야나 경력에서 성과를 올리기 전에 실망 속에서 보내야 하는 긴 시간을 참고 인내하는 능력이다. 매년 고에너지 이론물리학 분야에 올라오는 교수직 채용공고는 얼마 되지 않는다. 이 자리를 얻기 위해 수백 명의 뛰어난 후보자들이 몰릴 수밖에 없는데, 이들은 모두 각자의 대학에서 최고의 성적을 거두고, 박사후과정도 아주 알차게 보낸 사람들이다. 이런 경쟁에서 교수직을 꿰찬다면 그 자체로 대단한 승리다. 더 나아가 자기가 원하는 지역에서 그런 자리를 얻어낸다는 것은 기적에 가깝다. 자신의 개인적 필요와 가족의 필요에 맞춰진 이상적인 자리를 얻는다는 것은 거의 망상에 가깝다. 앤드루와 나도 복잡한 학계를 헤쳐 나가며 이런 현실을 마주할 수밖에 없었다. 앤드루는 그때까지 훌륭한 경력을 차곡차곡 쌓아왔고, 머지않아 여러 제안도 들어왔지만 나는 그렇지 못했다. 나도 이런 상황을 파악하지 못할 정도로 순진한 사람은 아니었지만, 성공의 가능성을 최대한 끌어올리기 위해서는 따라오는 두려움과 불안에 굴하지 않고 꾸준히 앞으로 나아가는 방법밖에 없음을 알고 있었다.

다행히도 그즈음 나는 끈기에는 어느 정도 익숙해져 있었다. 매번 첫 장애물에서 탈락하면서도 장애물 경마 대회에 꾸준히 참가하고, 새로운 장소에 갈 때마다 밑바닥에서부터 다시 시작하며 나 자신을 증명해야 하는 등의 일이 나에게는 새로운 것이 아니었다. 막 성인이 되었을 무렵 마다가스카르에서 멋진 8년을 보낸 후 나는 물리학을 공부하기 위해 스위스로 돌아왔다. 이번에는 당연히 적응하기가 더 쉬울 거라 생각했다. 이미 익숙한 장소로 돌아가 내가 사랑하는 일을 하는 것이었으니까 말이다. 역설적이게도 막상 내가 고국이라 생각했던 곳에 돌아와 보니 오히려 철저한 이방인이 된 듯 느껴졌다. 문화적 충격이나 전공 분야의 심각한 성비 불균형 때문이 아니었다(당시 물리학과에서 여성은 10퍼센트 정도에 불과했고, 그 후로도 급격히 줄어들어 내가 학위 공부를 하는 내내 여성 교수나 강사는 찾아볼 수 없었다). 여성은 실패하기가 쉽다는 편견 때문이었다. 실제로 전체적인 분위기도 이런 편견을 확인해주는 듯했다. 학부 1학년 때 한 교수가 던진 질문에 답하려고 손을 들었다가 그 교수에게 이런 말과 함께 무시당한 적이 있다. "아하, 답을 안다고 생각하는 여학생이 있네요. 분명 틀렸을 겁니다." 그러고는 교수는 남자 학생 중 한 명에게 답해보라고 했다. 농담으로 한 소리였겠지만 이 분야에서 나의 위치에 의문을 품게 만드는 이런 태도는 이 교수만의 문제가 아니었다.

몇 년 전에 나는 이탈리아의 한 여름 학교에서 초청을 받아 이론물리학과 대학원생들을 대상으로 암흑에너지에 대해 강의를 했다.

그 학생들은 정말 우수했고, 강의 내용을 이해하기 위해 완전히 몰입해 있었다. 특히 기억에 남는 한 학생이 있다. 그는 들뜬 마음으로 강의 내내 계속 질문을 했다. 마지막 강의가 끝나고도 꽤 오랫동안 토론을 이어가다가 점심 식사 시간을 놓칠 정도였다. 그날 늦게 다시 식당에 갔다가 그 학생이 혼자 저녁 식사를 하고 있기에 다가가 인사했다. 그랬더니 그 학생이 놀란 표정으로 나를 올려다보았다. 마치 대체 누군데 자신의 식사를 방해하는지 이해할 수 없다는 듯한 표정이었다. 길고 어색한 침묵이 흐른 뒤 그 학생이 마침내 내게 남편이 혹시 이 학교에 다니는 물리학자냐고, 물리학에 대해 뭐 아는 게 있느냐고 물어왔다. 그즈음에 나는 남들이 내가 물리학에 대해 아는 게 있을 리 없다고 처음부터 단정하는 것에 너무 익숙해져 있었기 때문에 우리가 발견해야 할 것이 아직 너무 많다는 것을 인정하며 이렇게 웃으며 대답했다. "제가 물리학에 대해 알면 얼마나 알겠어요. 당연히 모르죠."

끈질기게 물리학 공부를 이어가기가 여자한테는 쉽지 않을 거라는 말이나, 남편을 따라다니며 다른 방식으로 과학에 기여하는 것이 훨씬 도움이 될 텐데 여자가 자신의 경력을 쌓으려 드는 것은 별의미가 없을 거라는 등의 말을 하도 많이 들어서 이제는 이런 얘기를 들은 게 몇 번인지 셀 수도 없다. 더 끔찍했던 것은 사람들이 나를 자꾸 보모나 도우미, 카페 직원으로 착각한다는 것이었다(그런 게 아니고서야 여자가 여기 있을 이유가?). 여자가 대체 왜 여기 있느냐는 질문을 받거나, 아예 무시당하는 경우도 부지기수였다.

중력이라는 아름다움

이런 행동을 결코 지지하지 않음에도 내가 이렇게 즐겁게 얘기할 수 있는 것은 장기적으로 보면 이런 경험들 덕에 다른 사람들이 나를 함부로 판단하거나, 나 자신이 이룬 성과가 형편없을 때도 흔들리지 않고 나아갈 수 있도록 단련되었기 때문이다. 나에게는 부정적인 측면들을 털어내고 앞으로 나아가는 것 말고는 다른 선택지가 없었다. 물론 끈기와 고집 사이에는 미묘한 경계선이 존재한다. 내가 이 경계를 얼마나 여러 번 넘었는지는 하늘만이 알 것이다. 하지만 나는 우주비행사가 되겠다는 꿈에 거의 도달하게 해준 말도 안 되는 고집과 순진한 낙관주의 덕에 학계에서도 성공할 수 있었다고 확신한다. 끈기만으로 해피엔딩이 보장되는 것은 아니지만 해피엔딩으로 끝난 이야기치고 끈기가 중요하지 않은 경우는 없다. 사실 끈기, 응집력, 해피엔딩으로 따지면 우주의 이야기가 최고가 아닌가 싶다.

이 장에서는 우주에서 가장 먼 곳을 탐험하고, '암흑에너지dark energy'라는 새로운 물질의 발견에 대해 이야기할 것이다. 지난 20년 동안 나를 비롯해 수백 명의 물리학자들이 암흑에너지의 본질을 밝히는 연구에 집중해왔다. 여기서는 암흑에너지의 흥미로운 특성을 찾아내고, 이것을 중력의 본질과 어떻게 연결할 수 있는지 이해해볼 것이다. 하지만 현재 내가 암흑에너지에서 가장 크게 매력을 느끼는 부분은 무시해도 될 것 같은 이 가장 사소한 요소인 암흑에너지가 어떻게 그 무엇도 아닌 시간 속에서의 끈기 그리고 공간 속에서의 응집력만으로 결국 우주 전체에서 가장 풍부하고 중요한 실체가 되어, 결국에는 우주의 운명을 결정하게 되었는지를 설명해주고 있다는 점이다.

최고의 미스터리는 반전으로 끝나는 경우가 많다. 이야기의 진짜 주인공이 특정인이 아니라 함께 일하고 있는지 눈치채지도 못한 비밀 조직이었던 경우 말이다. 이런 존재는 보통 이야기가 끝날 때가 되어야 드러난다. 우리 우주의 반전의 역사에서는 암흑에너지가 바로 이런 존재다. 암흑에너지는 오랜 세월 배경 속에 숨어 존재해왔으며 전혀 중요해 보이지 않아서 수십억 년 동안 아무도 그 존재를 눈치채지 못한 등장인물이다. 다른 모든 것이 우주의 팽창을 극한으로 밀어붙이느라 바쁜 동안에 암흑에너지는 오랜 세월 그 자리에 그대로 머무르고 있었다. 마치 모든 역사에서 가장 위대한 집단적 노력의 일부인 것처럼 말이다. 암흑에너지는 결코 변하지도, 진화하지도, 소리를 내지도 않았다. 적어도 다른 모든 것이 사라지거나, 어쩌면 암흑에너지 자체로 변환될 때까지는 그랬다.

오늘날 우리 우주 이야기의 클라이맥스를 이어갈 주인공은 은하도 아니고, 텅 빈 공간 곳곳에 풍부하게 흩어져 있는 암흑물질 덩어리도 아니다. 그 주인공은 바로 영원의 시간을 버티며 모든 곳으로 쉬지 않고 퍼져나간 암흑에너지다. 암흑에너지의 행동이 우리 우주의 운명 그리고 시간과 공간 그 자체의 운명을 궁극적으로 결정하게 될 것이다. 이것은 놀라운 끈기와 응집력이 달성할 수 있는 것을 찬양하는 헌사이기도 하다.

지속적으로 팽창하는 우주

우주에 대해 더 알아보기 위해 잠시 우리 행성 지구를 떠나 우리 태양계, 우리은하를 넘어 이웃한 은하인 안드로메다은하까지의 거리를 생각해보자. 이것은 우주 전체에서 보면 상대적으로 작은 척도지만, 이런 척도에서도 분명 우리 우주에 눈에 보이는 것 이상의 무언가가 존재한다는 분명한 힌트가 있다. 이런 거리에서 보면 은하 주위를 도는 항성들이 마치 우리 눈에 보이는 질량으로 설명할 수 있는 것보다 훨씬 큰 중력 질량에 당겨지고 있는 듯이 움직인다. 은하에 있는 항성, 항성 주위를 도는 행성 그리고 모든 혜성과 성간 먼지에 들어 있는 모든 원자, 심지어 중성미자neutrino의 질량까지 모두 합쳐도 은하 주위 궤도를 도는 항성에 작용하는 중력을 설명하기에 충분하지 않다. 이들의 가속되는 인력을 설명하려면 우주에 있는 모든 은하와 은하단이 보이지 않는 물질 속에 잠겨 있어야 한다. 그래서 이 물질에 '암흑물질'이라는 아주 적절한 이름이 붙었다. 암흑물질의 양은 천문학적인 수준조차 넘어선다. 우리가 알고 있는 항성, 먼지, 다른 입자 들을 모두 합쳐도 우리은하의 질량 중 아주 작은 일부만을 차지한다는 것이 밝혀졌다. 나머지는 암흑물질로 설명할 수밖에 없다.

수천 명의 과학자가 암흑물질의 정체를 알아내려 열심히 연구하고 있지만 그 정확한 본질은 아직 알려지지 않았다. 어쩌면 지금이 순간에도 암흑물질의 작은 덩어리가 우리 몸을 관통하고 있을지 모르며, 우리가 말하는 동안에 튀어나와 코 앞에서 어슬렁거리고 있을 수도 있다. 하지만 그렇다고 해도 우리는 아무것도 느끼지 못할 것이다. 우리는 암흑물질을 직접 보거나 검출한 적이 없다. 지금까지는 암흑물질이 우리로부터 완전히 숨어 중력을 통해서만 소통하기를 간절히 원하는 것 같다. 이런 작은 암흑물질 덩어리의 중력은 우리가 지구 위에서 정상적으로 느끼는 어떤 교란보다도 수억, 수조 배는 작을 것이다. 사실 공기 중에 있는 산소 원자 하나가 우리에게 가하는 압력보다도 작을 정도다. 하지만 큰 규모로 확대해보면 이 보이지도 않는 물질이 미치는 영향이 분명히 드러난다. 이것이 항성, 은하, 초은하단 그리고 우주 전체에 미치는 중력의 영향은 단순히 눈에 확실히 띄는 정도가 아니라 필수불가결한 수준이다.

우주가 열심히 귀여운 걸음마를 하던 5만 살쯤부터 암흑물질이 우리 우주의 진화에서 필수적인 역할을 했다는 관측 증거가 이제는 풍부하다. 암흑물질의 중력이 최초 은하들의 씨앗을 뿌리고, 최초 항성들의 탄생을 이끌었다. 지구에서 일상생활을 영위하는 동안에는 우리를 어루만지는 암흑물질의 존재를 느끼지 못하지만, 우주가 여러 시대를 거치는 동안 암흑물질의 존재는 우리가 존재하는 데 필수적인 부분이었다.

이제 암흑물질을 이해했으니 조금 더 멀리 나가보자. 안드로메다은하를 지나 수억 광년 거리에 걸쳐 펼쳐져 있는 우리의 처녀자리 초은하단 너머로 나가보자. 신기하게도 이 은하와 은하단은 모

중력이라는 아름다움

든 방향에서 우리로부터 멀어지는 것으로 관찰된다. 사실 우리와 멀리 떨어진 은하일수록 더 빠르게 멀어지려는 것처럼 보인다.

인류에게 수천 년간 축적된 지혜가 없었다면, 우리 자신의 은하인 우리은하가 우주의 중심에서 특별한 자리를 차지하고 있으며, 다른 모든 은하가 우리로부터 달아나려 하고 있다는 결론을 내리고 싶은 유혹을 느꼈을 것이다. 그러나 인간이 지구에서 특별히 중심적인 위치를 차지하고 있는 것이 아니라는 사실을 받아들이는 법을 배웠듯이, 과학자들도 지구가 태양계에서 특별한 위치를 차지하지 않으며, 태양계 역시 우리은하에서 특별한 위치를 차지하지 않는다는 것을 받아들이게 됐다. 이런 지혜를 적용하면 우리은하가 우주에서 차지하는 위치 역시 마찬가지일 것이다. 우리 자신을 우주의 중심에 놓으면 일부 관찰을 설명하기에는 편리하겠지만, 더 골치 아픈 질문이 뒤따른다. 어째서 그리고 어떻게 우리가 그런 특권을 부여받았느냐는 질문이다.

사실 이보다 훨씬 믿을 만한 설명은 모든 점이 다른 모든 점으로부터 민주적으로 멀어지고 있다고 하는 것이다. 우주에 있는 어느 은하의 관점에서 보아도 나머지 다른 은하는 항상 멀어지고 있는 것으로 보인다. 바꿔 말하면 우리 우주가 분명 팽창하고 있다는 것이다. 이것을 좀 더 정확히 표현하자면, 은하들이 모두 서로로부터 멀어지고 있음이 관찰되었다면, 이것은 우주에 있는 임의의 두 점 사이의 공간이 늘어나고 있기 때문이다. 이것을 머릿속에 그리기 위해 잠시 다시 지구로 돌아와 내 딸의 생일 파티를 떠올려보자.

내가 폐에서 있는 힘을 다 짜내어 풍선에 바람을 불면, 이 풍선 위의 점들이 기적처럼 서로 멀어지면서 '생일 축하합니다'라는 글자가 점점 더 커진다. 이 풍선의 표면에서 어느 두 점을 선택하더라도 그 두 점이 서로 멀어지는 것을 알 수 있다. 물론 우리 우주는 고무풍선의 표면이 아니다. 따라서 이 비유는 한계가 있다. 더 중요한 점은 우리 우주가 풍선처럼 다른 무언가로 팽창해 들어가는 것이 아니라는 점이다.

우주가 팽창한다는 개념을 들으면 우주의 유한한 경계가 커지는 그림을 떠올리게 된다. 이런 말을 들으면 우리는 본능적으로 우주가 대체 무엇으로 팽창해 들어가고 있는 것일까 궁금해진다. 안타깝게도 내가 줄 수 있는 하나밖에 없는 대답이 당신으로서는 가장 덜 만족스러운 대답이 될 수밖에 없겠지만, 어쨌든 말해보겠다. 우주는 무無로 팽창해 들어간다. 더 정확히 말하면 우주는 그 무엇으로도 팽창해 들어가지 않는다. 그냥 자기 자신 안에서 스스로 팽창하는 것이다. 부풀어 오르는 풍선이나, 파이프에서 새어나오는 가스가 자신이 존재하는 실내 공간으로 팽창하거나 퍼져나가는 것과 달리, 우리의 우주는 또 다른 독립적인 실체나 차원으로 흘러들어가는 것이 아니다. 여기서 늘어나는 것은 시간과 공간의 구조다. 이 구조는 적어도 빅뱅 이후로는 항상 존재해왔다. 시간과 공간의 구조에는 탄력과 가소성이 있다. 이 구조는 블랙홀 내부로 떨어지는 우리를 찢어놓을 수도 있지만, 팽창하면서 그 안에 들어 있는 모든 존재를 멀어지게 만들 수도 있다.

확신할 수는 없지만 우주의 크기는 무한할 가능성이 상당히 높다. 빛과 글라이트가 유한한 속도로 이동하고, 빅뱅 이후로 흐른 시간의 양도 유한하기 때문에 이 무한한 영역 속에서 우리가 관찰할 수 있는 영역은 유한할 수밖에 없다. 그래서 우리의 '관측 가능한 우주observable Universe'는 유한하다. 하지만 전체적인 우주 그 자체는 우리가 보고 느끼고 냄새 맡고 관찰할 수 있는 영역 너머, 우리가 빛을 통해 보고 글라이트를 통해 들을 수 있는 것 너머에 존재한다. 사실 우주가 팽창한다고 해서 관측 가능한 우주가 커지는 것은 아니다. 팽창의 가속도가 충분히 빠르다면 먼 곳에서 날아오는 빛과 글라이트가 이 팽창 속도와 경쟁하기가 점점 어려워지기 때문에 관측 가능한 우주의 크기는 오히려 줄어들 것이다.

물리적 경계의 존재와 종말의 불가피성은 지구 위에 사는 우리의 삶에서는 불가피한 부분이기 때문에 우리 우주의 시간과 공간이 무한할지도 모른다는 가능성이 불편하게 느껴질 수 있다. 하지만 우주는 우리의 본능을 만족시키는 일에는 관심이 없다. 오늘날 우주가 무한하다면, 이것은 우주가 그렇게 태어났기 때문이다. 우주는 빅뱅에서 잉태되는 순간부터 (어쩌면 그 이전부터) 크기가 무한했을 것이고 무한한 시간 동안 이 상태를 유지해왔을 수도 있다. 우주는 시간적·공간적으로 무한하기 때문에 경계, 시간 그리고 우리에게 익숙한 다른 제약 없이 성장하고 진화하고 꽃을 피울 수 있다.

우주는 더 빠르게 팽창한다

지금은 우주가 창조 이후로 어떻게 진화해왔는지 추론할 수 있는 독립적인 조사 방법들이 여럿 나와 있다. 이 중 한 가지가 에드윈 허블Edwin Hubble이 처음으로 사용한 세페이드 변광성이다. 세페이드 변광성은 온도와 밝기가 주기적으로 변화하는 맥동성pulsating star의 일종이다. 1908년에 헨리에타 스완 레빗Henrietta Swan Leavitt은 이 세페이드 변광성의 맥동 주기가 절대 광도absolute luminosity와 연관되어 있음을 깨달았다. 즉, 이 변광성을 표준 촉광standard candle으로 사용할 수 있는 것이다. 천문학에서 표준 촉광이란 광도가 알려진 빛을 방출하는 천체를 말한다. 이것을 이용하면 이 항성이 속한 은하의 거리를 측정할 수 있다. 세페이드 변광성의 경우 맥동 주기를 측정하면 이 항성이 실제로 얼마나 밝은지, 즉 절대 광도를 추정할 수 있다. 그다음 이것을 실제 겉보기 밝기와 비교해보면 얼마나 멀리 떨어져 있는지도 추론할 수 있다. 천문학자들은 이것을 '광도 거리luminosity distance'라고 부른다. 오늘날 우주론학자들이 사용하는 가장 강력한 표준 촉광 중 하나는 Ia형 초신성이다.

초신성은 더 이상 자신의 무게를 지탱할 수 없을 정도로 내부의 압력이 커져 격렬하게 폭발한 항성이다. 이 대격변 사건이 일어날 때 태양보다 수십억 배 밝은 빛이 방출된다. 그리고 이 빛은 특정 주파수에서 정점에 도달한다. 이렇게 폭발하는 항성을 품고 있는 은하가 우리를 기준으로 움직이고 있다면 이 정점의 주파수는

도플러 효과Doppler effect 때문에 편이되어 나타난다. 구급차가 지나
갈 때마다 이와 비슷한 현상을 관찰할 수 있다. 구급차가 나를 향
해 다가오는 동안에는 신호가 압축되면서 소리의 주파수가 높아
지고, 귀에 들리는 음높이도 높아진다. 구급차가 멀어질 때는 반대
현상이 일어나서 사이렌 소리가 더 낮게 들린다. 빛도 파동이기 때
문에 동일한 효과가 나타난다. 천체가 멀어지면 우리가 지구에서
포착하는 빛의 주파수도 천체에서 실제로 방출한 것보다 낮아진
다. 그래서 그 천체가 더 붉어진 것처럼 보인다. 이것을 신호가 '적
색편이redshifted(낮은 주파수 혹은 붉은색 쪽으로 이동)'되었다고 한다. 이
런 주파수의 편이를 이용해서 그 은하가 우리를 기준으로 얼마나
빨리 움직이고 있는지 추론할 수 있다. 이와 동시에 그 밝기를 바
탕으로 은하가 우리와 얼마나 멀리 떨어져 있는지 판단할 수 있고,
이를 통해 우주의 팽창 속도를 확인할 수 있다.

초신성은 1960년대부터 우주 팽창 속도의 변화를 확인하는 데
사용되었지만, 초기에는 이런 측정을 하기가 악명이 높을 정도
로 어려웠다. 배경에 존재하는 머나먼 은하의 광도로부터 초신성
의 광도 변화를 분리해서 측정하려면 아주 미묘한 차이도 구분할
수 있어야 했기 때문이다. 하지만 1998년에 초신성우주론 프로젝
트Supernova Cosmology Project와 하이-Z 초신성탐사팀High-Z Supernova Search
Team(여기서 Z는 적색편이를 의미)이라는 두 연구진이 동시에 연구를
진행하여 놀라운 발견을 발표했다. 《사이언스Science》는 이 연구를
'올해의 획기적인 발견'으로 선정하기도 했다. 이 발견이 그토록

중요한 이유 그리고 오늘날까지도 이것이 우리를 계속 당혹스럽게 만드는 이유를 이해하려면 먼저 우주가 팽창할 때 어떤 일이 일어나는지 감을 잡아야 한다.

우주가 팽창하면 이에 따라 몇 가지 일이 일어나 우주의 에너지 밀도(단위 부피당 에너지의 양)가 감소되는 결과를 낳는다. 먼저 자유 입자들 사이의 공간이 늘어남에 따라 각각의 입자가 더 많은 공간을 차지하게 되고, 부피가 증가함에 따라 입자의 밀도(단위 부피당 입자의 수)가 감소한다. 이것은 전하, 질량, 스핀, 색깔 등등에 상관없이 모든 입자에 해당하는 이야기다. 각 변의 길이가 1미터인 상자 안에 입자가 10개 들어 있다면 입자 밀도는 단순히 1세제곱미터당 입자 10개다. 여기서 상자가 점차 팽창해서 크기가 2배가 되었다면 부피는 8세제곱미터가 되어 입자 밀도는 8세제곱미터당 입자 10개, 즉 1세제곱미터당 입자 1.25개가 된다.

입자에 질량이 있는 경우, 아인슈타인의 유명한 공식 $E=mc^2$에 따라 입자가 갖고 있는 에너지는 질량에 비례한다. 입자의 질량은 입자 고유의 것이고, 우주가 팽창해도 일정하게 유지되기 때문에 우주가 팽창하면서 그 부피가 증가함에 따라 유질량 입자의 에너지 밀도(단위 부피당 에너지) 역시 감소할 것이다. 하지만 광자 같은 무질량 입자의 경우에는 그 에너지가 질량이 아니라 파장으로 결정된다. 이 경우 파장이 짧을수록 무질량 입자의 에너지는 커진다.* 우주가 팽창함에 따라 공간이 늘어나면서 이와 함께 거리와 관련된 모든 개념도 함께 늘어난다. 여기에는 파장이라는 개념도 포함된다. 파장이란 파동이 한 번 진동했을 때 두 마루 사이의 거리다. 그리고 파장이 늘어남에 따라 전자기파가 갖고 있는 에너지도 줄어든다.

상자 안에 입자가 들어 있던 경우로 돌아가보자. 상자의 크기가 2배로 커지면 입자의 밀도는 8배 감소한다. 유질량 입자의 경우 각각의 입자가 갖고 있는 에너지는 상자가 팽창해도 동일하게 유지되기 때문에 상자 안의 에너지 밀도도 똑같이 8배 감소한다. 하지만 무질량 입자의 경우 상자가 2배로 커지면 각각의 입자가 갖고 있는 에너지가 절반으로 줄어든다. 따라서 무질량 입자의 에너지 밀도는 16배 줄어든다. 이 사례는 우주가 팽창함에 따라 빛 혹은 복사radiation의 에너지 밀도가 유질량 입자, 즉 '물질'의 에너지 밀도보다 더 빠르게 희석된다는 것을 보여준다. 이 물질은 보이는 물질이든 보이지 않는 암흑물질이든 상관없다.

우주가 상대적으로 젊고 밀도가 높고 뜨거웠던 시기에는 빛과 다른 형태의 무질량 입자 그리고 광속에 가까운 속도로 움직이는

---

* 아인슈타인의 공식 $E=mc^2$은 정지 상태의 입자에만 유효하다. 하지만 광자 같은 입자는 질량이 없기 때문에 결코 정지 상태로 존재하지 않는다. 사실 광자는 항상 빛의 속도로 움직인다. 이 경우 일찍이 1900년에 막스 플랑크가 제안한 아인슈타인의 공식보다 더 오래된 또 다른 관계를 적용해야 한다. 플랑크의 공식에 따르면 파장이 λ인 전자기파를 고려할 때, 이 파동에 포함된 에너지는 파장에 반비례하며, $E=ch/\lambda$로 표현된다. 여기서 c는 빛의 속도, h는 플랑크 상수라는 비례 상수다. 4장에서 플랑크 에너지 척도에 대해 얘기할 때 만나본 바로 그 상수다.

유질량 입자에 들어 있는 에너지가 지배적인 형태의 에너지였기 때문에 우주가 급속하게 팽창했다. 이 시기를 우주론학자들은 '복사 시대radiation era'라고 부른다. 우리로서는 다행스럽게도 복사가 물질보다 더 빠른 속도로 희석되기 때문에 우주가 5만 살 정도가 되었을 때 결국 빛과 복사가 더 이상 지배적인 형태의 에너지가 아닌 시간이 찾아온다. 그리고 그 대신 우주의 에너지 대부분이 물질의 형태로 존재하게 된다. 이것이 장차 우리가 살고 있는 은하단이 된다. 이것이 '물질 시대matter era'의 시작이었다.

이 물질 시대 동안에는 우주가 살짝 느린 속도로 팽창을 이어갔다. 이때가 되어서야 비로소 전자가 양자와 중성자의 원자핵에 붙잡혀 최초의 원자가 만들어졌고, 덕분에 빛이 자유롭게 전파될 수 있게 되었다. 이후로 수억 년에 걸쳐 암흑물질이 만드는 중력의 웅덩이에 이끌려 최초의 은하단이 형성되었고, 우주 전역에 거미줄처럼 뻗어 있는 필라멘트 같은 구조를 따라 퍼져나갔다.

공간을 찢어놓은 빅뱅 이후로 우주는 그 추진력을 유지하면서 팽창을 계속해왔다. 처음에는 급팽창 시기를 거치면서 가속된 속도로 팽창했지만, 이후 복사 시대와 물질 시대를 거치며 점차 속도가 느려졌다.* 시간이 지나면서 결국에는 은하단과 우주에 있는 모든 형태의 물질과 질량 사이에 작용하는 중력이 우세해져 우주의

---

* 우주 급팽창과 관련해 다른 대안이 있을 수 있고 흥미로운 모델들도 제안되었지만, 이런 모델들 모두 그 이후에 이어진 복사 시대와 물질 시대에 대해서는 의견이 일치한다.

팽창을 한층 더 늦추었으리라 기대할 수 있다. 어쩌면 팽창을 완전히 멈추거나, 더 나아가 우주가 그 안의 모든 구성요소에서 생기는 중력으로 인해 스스로 붕괴되는 지경까지 갈 수도 있을 것이다.

팽창 속도가 느려지고 있음을 확인하려면 우리와 더 멀리 떨어져 있는 은하를 살펴보아야 한다. 아주 먼 은하를 관찰한다는 것은 곧 우주의 역사 초기에 일어난 일을 관찰한다는 것을 의미한다. 팽창 속도가 늦어지고 있다면 과거에는 팽창 속도가 더 빨랐다는 의미이기 때문에, 멀리 떨어진 은하가 우리 근처에 있는 은하보다 더 빠른 속도로 멀어질 것이라고 예상할 수 있다. 사실 이것이 바로 초신성우주론 프로젝트와 하이-Z 초신성탐사팀이 보여주려 한 것이었고, 그들의 연구 결과가 그렇게도 중요한 이유였다.

하지만 두 연구진이 발견한 내용은 우리의 기대처럼 현재 우주의 팽창이 느려지고 있음을 확인해주기는커녕 정확히 그 반대의 사실을 확인했다. 우주의 팽창이 오히려 가속되고 있었던 것이다. 이 발견으로 사울 펄무터Saul Perlmutter, 브라이언 슈미트Brian P. Schmidt, 애덤 리스Adam G. Riess가 2011년 노벨 물리학상을 받았다. 현재는 더 다양한 관측 방법을 사용할 수 있으며 이 방법들 모두 우주의 팽창 속도가 실제로 빨라지고 있음을 확인하고 있다(하지만 서로 다른 방법으로 측정된 가속도 사이에서는 불일치가 존재한다). 이 발견은 여러 부분에서 당혹스럽고 난해하지만, 중력과 입자물리학의 경계를 더 깊이 파고들면 왜 이런 관찰이 우리 예상과 다르게 나왔는지 이해할 수 있을 것이다.

우주를 지배하는 힘, 암흑에너지

우주의 역사를 보면 당연히 우주의 팽창은 점차 느려질 것이고, 어떤 요소든 그 전체적인 에너지 밀도는 감소할 것이라고 예상하는 것이 자연스럽다. 만약 우주가 복사(빛) 혹은 형태와 상관없이 물질로 가득 차 있다면 그러했을 것이다. 이 물질은 행성, 혜성, 항성, 가스, 암흑물질, 블랙홀, 중성미자 등 무엇이든 될 수 있다. 이 요소들 모두 우주의 팽창을 감소하는 데 기여한다. 우주 팽창의 가속을 설명하려면 이와는 아주 다른 현상이 반드시 일어나야 한다. 우주는 우주가 팽창해도 희석되지 않는, 혹은 아주 약하게 희석되는 새로운 유형의 에너지로 차 있는 것이 틀림없다. 우리는 아직 이런 에너지를 보지도, 이런 에너지와 상호작용하지도 못했으니, 이것은 분명 '암흑'의 에너지일 테지만, 암흑물질과는 성질이 전혀 다르다. 이 신비로운 에너지에 암흑에너지라는 이름이 붙었다.

1998년 이후로 우주론학자들은 무엇이 암흑에너지가 아닌지를 판단하는 문제에서는 상당한 진전을 이루었다. 하지만 암흑에너지의 실체가 무엇이고, 무엇이 우주의 팽창을 가속하고 있느냐는 질문에 대해서는 여전히 답이 나오지 않고 있다. 암흑에너지는 곧잘 반중력antigravity 현상으로 묘사된다. 이것은 국소적인 질량 사이에서 작용하는 중력의 인력을 반대로 뒤집는 힘이다. 암흑에너지를 뉴턴 역학의 틀 안에서 설명하려면 우주를 음의 질량을 갖는 일정한 밀도의 용액으로 채워야 한다! 이것은 현실성이 없어 보인다.

반면 일반상대성이론에서는 상황이 이렇게 극단적이지 않다. 여기서는 암흑에너지를 양의 에너지 밀도를 갖지만, 음의 압력을 갖는 액체로 묘사할 수 있다. 반중력 효과를 만들어 은하들이 서로 가속하며 멀어지게 만드는 것이 바로 이 음의 압력이다. 더 정확히 말하면 은하들은 휘어진 기하학 속에서 자체적인 직선 경로를 따라 움직이지만, 음의 압력 때문에 시공간 자체가 희석되며 기하급수적인 속도로 팽창하고, 다른 은하들도 이 팽창을 따라 함께 움직인다.*

이 분석에서 처음에는 기이하게 느껴질 수도 있는 결과가 하나 나온다. 암흑에너지가 들어 있는 상자가 2배로 커졌을 때 이 상자 안에 들어 있는 총에너지가 증가한다는 것이다. 그럼 이 추가 에너지는 대체 어디서 온 것일까? 에너지는 열을 비롯한 다른 형태의 에너지로 전환만 할 수 있을 뿐 새로 생성되거나 소멸되지 않는다는 에너지 보존의 법칙에 따르면 이런 가능성은 애초에 배제되는

---

* 궁금한 사람들을 위해 설명하자면, 뉴턴 역학에서도 암흑에너지를 모방할 수 있다(물론 일반상대성이론에서 더욱 심오한 방식으로 유도할 수 있다). 우리는 보통 질량이 m인 물체에 작용하는 뉴턴의 힘이 뉴턴 퍼텐셜 V로부터 다음과 같이 유도된다고 생각한다. $F(r)=-mV'(r)$. $r=0$에서 국소화된 질량 M인 물체에 대한 퍼텐셜은 $V=-GM/r$로 주어지므로, $V'=GM/r^2$이 되고, 여기서 뉴턴의 역제곱법칙 $F=-GmM/r^2$을 다시 얻을 수 있다. 만약 $r=0$에서 국소화된 질량 M 대신에 일정한 밀도 ρ를 가진 액체로 우주를 가득 채운다고 해보자. 그럼 반지름 r인 구 안에 포함된 질량은 $M(r)=4\varpi\rho r^3/3$이 되고, 뉴턴 퍼텐셜의 미분은 $V'=GM(r)/r^2=4\varpi G\rho r/3$로 주어진다. 따라서 $F(r)=-mV'(r)=-4\varpi m G\rho r/3$이 된다. 이것은 거리가 증가할수록 인력이 커지는 것을 의미한다. 암흑에너지의 효과를 흉내 내려면 이것을 은하들이 서로에 대해 가속하며 멀어지게 만드는 척력으로 바꾸어야 한다. 뉴턴의 중력에서 이것을 구현하려면 음의 질량 밀도($\rho < 0$)가 필요한데 이것은 비현실적이다. 상대성이론에서는 양의 에너지 밀도를 가지면서도 충분한 음의 압력을 가진 액체를 통해 이런 반중력 속성을 구현할 수 있다.

것이 아닌가? 그렇다면 시간이 지나면서 우주의 총에너지가 증가한다는 사실을 어떻게 설명할 수 있을까?

물리학에서 에너지 보존의 법칙은 '시간 변환 불변성time-translation invariance'의 원리와 관련되어 있다. 물리계의 역학을 지배하는 법칙이 시간의 흐름에 따라 변화하지 않는다면(시간 변환에 대해 불변이라면) 에너지가 보존된다는 것이다. 이것은 뉴턴의 역학, 맥스웰의 전자기론 그리고 시공간의 기하학이 평평하며 시간의 흐름에도 변하지 않는 특수상대성이론에서는 그대로 적용된다. 하지만 이것은 이곳 지구에서는 훌륭한 근사치지만, 우주는 이와는 딴판이다. 우주는 휘어져 있고, 팽창하고 있고, 우리가 이해할 수도 없는 다양한 방식으로 진화하고 있다. 시간에 따라 변하는 계에서는 물리량이 반드시 일정할 필요가 없고, 우주의 에너지도 예외가 아니다.

우주의 초기 과정에 대한 세부사항은 여전히 불분명하지만 대부분의 우주론학자들은 우주가 탄생했을 당시 암흑에너지는 거의 무시할 만큼 미미한 수준이어서, 총에너지의 10^{-124} 정도만을 차지했을 것이라 생각한다. 이것을 퍼센트로 환산하면 대략 0.0000000 000000000000000000000000000000000000000000000 000000000000000000000000000000000000000000000 0000000001퍼센트다(이 정도면 0을 몇 개 빼거나 더 갖다 붙여도 알아볼 사람이 많지 않을 것이다). 이것은 생각하기도 어려울 정도로 너무나 미미한 수준이다. 비교해보자면 수소 원자 하나의 질량은 지구 전체 질량의 10^{-51}배 정도다. 따라서 원자 하나가 우리 지구의 운동

중력이라는 아름다움

에 미치는 영향은 분명 감지할 수도 없을 만큼 미미한 수준이지만, 이 영향조차도 우주 초기에 암흑에너지가 미친 영향에 비하면 어마어마하게 큰 것이다.

암흑에너지의 진정한 힘은 시간과 공간의 어느 한 지역에서 국소적으로 미치는 영향이 아니라, 시간과 공간 전반에 걸쳐 일정하게 존재하는 특성, 즉 응집력과 끈기에 있다. 암흑에너지는 우주의 팽창 속에서도 줄어들지 않으며, 은하나 은하단의 경계에서 사라지지도 않는다. 우주 탄생 당시 암흑에너지는 극히 미미한 수준이었다. 반면 다른 모든 형태의 에너지는 우주의 팽창과 함께 점점 희석되다가 결국 거의 씻겨 나갔다. 오늘날 우리 우주는 너무 나이가 많아지고 너무 많이 늘어나서 대부분의 요소가 거의 완전히 희석되어 사라졌다. 반면 암흑에너지는 그냥 일정한 상태로 머물며 시간을 보내다가 결국 수십억 년 동안 꾸준히 지배적인 에너지로 자리 잡았다. 한때는 무의미할 정도로 미약했던 암흑에너지가 지금은 현재 우주에 존재하는 총에너지의 70퍼센트 정도를 차지한다. 눈에 보이는 모든 물질(당신과 나 그리고 모든 성간먼지, 모든 행성과 항성)을 구성하는 바리온 물질baryonic matter은 총에너지에서 불과 5퍼센트 정도를 차지하는 반면, 암흑물질이 나머지 25퍼센트를 차지한다. 빛이나 글라이트 복사는 다른 무질량 입자에서 나오는 복사와 함께했을 때는 총 에너지의 대부분을 차지했지만, 현재는 거의 완전히 밀려났다. 요즘의 우주는 암흑에너지 앞에 고개를 숙이고, 그 지시에 따라 팽창하고 진화하는 것으로 보인다.

잠시 생각해보면 이 모든 것이 너무 비현실적으로 들릴 수 있다. 정말로 우리가 원래 생각했던 것보다 훨씬 많은 에너지가 존재한다고 주장하는 것인가? 그렇다면 왜 우리는 그 에너지를 활용하지 못할까? 게다가 그것이 없었으면 우리가 여기 존재할 수 없었을 정도로 중요한 에너지라면 우리 일상에 더 큰 영향을 미쳐야 하는 것 아닌가?

암흑에너지는 우주 어디에나 존재한다. 심지어 지구 위에도, 우리 귀 뒤쪽에도 존재하고, 우리가 숨을 들이마실 때마다 일정량이 폐 속으로도 들어온다. 하지만 이것을 이상적인 친환경 에너지로 사용하는 것을 막는 몇 가지 장애물이 존재한다. 우선 우리가 암흑에너지와 상호작용할 수 있는 방법은 딱 한 가지, 모든 힘 중에서 가장 약한 힘인 중력을 통하는 것밖에 없다. 하지만 가장 큰 문제는 암흑에너지의 밀도가 여전히 국소적으로는 대단히 작다는 점이다. 우리가 기적적으로 지표면으로부터 10미터 이내에 존재하는 모든 암흑에너지를 수확할 수 있다고 해도, 물 주전자 2개를 끓일 정도의 에너지밖에 나오지 않을 것이다. 따뜻한 차 몇 잔 끓이는 것 말고는 암흑에너지에서 얻을 것이 그리 많지 않다. 설령 지구와 달을 포함하는 거대한 부피 내에 존재하는 모든 암흑에너지를 수확한다고 해도 우주선 몇 대를 지구 궤도에 쏘아 올릴 정도의 에너지밖에 나오지 않을 것이다. 아쉽게도 가까운 미래에 암흑에너지가 유망한 에너지 산업으로 자라날 가능성은 희박하다. 어쩌면 다행인지도 모른다. 암흑에너지는 건드리지 않고 가만히 놔두었을 때 제일 잘 작동하니까 말이다.

심지어 오늘날에도 우주에서 거주 가능 영역, 즉 은하가 형성된 영역에서는 물질의 존재가 암흑에너지의 역할을 완전히 압도한다. 우리은하에 존재하는 모든 항성, 가스, 블랙홀, 암흑물질은 그 안에 들어 있는 암흑에너지의 총량보다 훨씬 중요하다. 이것은 늘 그래 왔고, 시간이 끝나는 날까지 앞으로도 계속 그럴 것이다. 심지어 우리은하와 안드로메다은하가 충돌해서 우아한 나선형의 팔이 흐트러지는 순간이 찾아와도 암흑에너지는 들리지도, 보이지도 않는 상태로 그냥 배경 속에 숨어, 충돌 과정에는 아무런 영향도 미치지 않을 것이다.

암흑에너지의 중요성을 이해하려면 우리가 안락하게 살아가는 거주 가능 지역을 벗어나 은하단을 분리하고 있는 광활하고 텅 빈 우주 공허로 나가보아야 한다. 암흑에너지가 없었다면 우주의 대부분을 구성하는 이 광대한 공간에 아무런 에너지도 존재하지 않았을 것이다. 물질은 은하단 주변에 주로 집중된 반면, 암흑에너지는 우주 전역에 고르게 퍼져 있다. 시공간의 모든 구석을 채우고야 말겠다는 암흑에너지의 흔들림 없는 투지야말로 암흑에너지가 우주의 다른 어떤 요소보다 큰 영향력을 미치게 된 이유다.

아인슈타인의 우주상수

아인슈타인이 일반상대성이론을 유도한 1915년 당시에는 우주의 팽창이 아직 밝혀지지 않았다. 아인슈타인 역시 당시 대부분의 과학자와 마찬가지로 우주가 상대적으로 안정적인 정적 상태에 있다고 믿었다. 그렇다면 인력으로 작용하는 물질의 중력 때문에 필연적으로 이 균형이 교란될 수밖에 없지만, 이것은 아인슈타인과 동시대 과학자들이 받아들이기 어려운 문제였다. 다행히 아인슈타인이 1917년에 이 문제에 대해 임시방편의 해법을 제안했다. 하지만 그는 훗날 이것이 자기 생애 최악의 실수일 거라고 인정했다. 이 아이디어의 본질이 익숙하게 느껴질 수도 있겠다. 모델이 기대를 충족시키지 못했을 때 우리 과학자들이 본능적으로 취하는 접근방식이 반영되어 있기 때문이다. 바로 새로운 요소를 추가하는 것이다. 이번에 시도한 임시방편은 벌칸 행성이나 제9행성 같은 구체의 형태를 띠지도 않았고, 암흑물질이라는 형태를 띠지도 않았다. 대신 그리스 알파벳 Λ(람다)로 표시되었다. 이것은 우주상수 cosmological constant라고도 한다. 아인슈타인이 중력이론을 구축하는 토대가 되어준 철학적 기반, 즉 등가원리를 해치지 않는 선에서 일반상대성이론의 원래 방정식을 수정할 수 있는 방법은 이 우주상수밖에 없었다. 따라서 이것을 도입하는 데 아인슈타인도 큰 거부감이 없었을 것이다.

중력이 없는 상태에서 우주상수는 단순히 기준점을 가리킬 뿐이다. 산의 고도를 측정하려 한다고 해보자. 고도를 어떻게 정의해야 할까? 기준점으로 해수면을 사용하겠는가, 아니면 지구의 중심을 사용하겠는가? 유일무이한 단 하나의 선택은 존재하지 않는다. 다른 기준점을 선택하면 산의 고도를 나타내는 수치는 바뀌겠지만 산 자체 그리고 산과 다른 대상들과의 관계는 그 선택에 영향을 받지 않는다. 기준점을 바꾸면 고도를 나타내는 상수들이 전체적으로 바뀌겠지만 상대적인 고도는 동일하게 유지된다. 우주상수도 마찬가지로 우주의 에너지 밀도에 대한 기준점일 뿐이다. 이것을 바꾼다고 해도 아무것도 영향을 받지 않는다.

아무것도 영향을 받지 않는다고? 뭐, '거의'라고 해야겠다. 등가원리에서 비롯되는 중력의 축복이자 저주가 있다. 모든 것이 중력의 영향을 받고, 중력이 모든 것에 영향을 미친다는 것이다. 이런 우주상수의 변화에 아무것도 영향을 받지 않는다는 말은 '중력을 제외하고는 아무것도'라는 것을 의미한다. 이것이 바로 아인슈타인이 노렸던 부분이다. 아인슈타인은 우주가 정적이라 예상했다. 우주상수의 목적은 우주를 정적인 상태로 유지할 수 있도록 물질이 우주에 미치는 중력의 영향을 상쇄하는 것이었다.

하지만 이 유레카의 순간 이후로 머지않아 아인슈타인은 이런 균형 작용이 안정적이지 않다는 것을 깨달았다. 안정적이기 위해서는 물질의 분포가 완벽하게 균질해야 하고, 우주상수도 모든 곳에서 작용하는 물질의 중력 효과를 상쇄할 수 있도록 정확하게 조정되어야 한다. Λ 값이 아주 살짝만 작아도 우주는 붕괴하며 파국을 맞이할 것이다. 하지만 Λ가 아주 조금만 커도 우주는 멈출 수 없는 가속 팽창을 하게 될 것이다. 안전하고 정적인 중간 지대는 존재하지 않았다. 그래서 우주상수는 대실패로 보였다.

물론 여기에는 반전이 기다리고 있었다. 지금은 알려져 있듯이, 우주의 팽창이 실제로 가속하고 있었던 것이다! 이 우주상수는 아인슈타인의 생애 최악의 실수가 아니라 그저 우리가 놓치고 있던 암흑에너지일 수도 있다. 그가 시대를 앞서 또 한 번의 천재성을 발휘하여 우주의 후기 가속 팽창을 관찰하기도 전에 먼저 설명해낸 것이다. 이제 이 우주상수의 값은 실증적으로 아주 정확하게 결정되었지만, 이것이 대체 어디서 오는 것인지는 여전히 암흑 상태로 남아 있다. 이 상수의 값을 결정하는 것은 무엇인가? 이 존재를 설명해줄 물리적 현상은 무엇인가?

에너지로 가득 채워진 공허

지금까지 블랙홀로 곧장 다이빙해서 들어가보고, 우주의 탄생 직후의 순간을 되살아보고, 파티 풍선에 적혀 있는 글자처럼 서로 멀어지는 은하단에 대해 생각해보았다. 우주 여행에서 들러야 할 곳이 한 곳 더 남아 있다. 이번에는 우주에서 가장 깊고 가장 어두운 심연에 잠시 다녀오자. 바로 어떤 종류의 물질도, 어떤 종류의 일반적인 에너지도 존재하지 않는 우주 공허다. 수백만 광년씩 펼쳐져 있는 이런 공허는 조금은 외롭고 지루한 장소로 여겨지기도 한다. 하지만 이 황량한 공간이 더욱 근본적인 수준에서 암흑에너지를 이해할 수 있는 가장 흥미진진한 단서를 제공해줄지도 모른다.

은하 간 우주 공허 한가운데로 내동댕이쳐졌다고 상상해보자. 이곳은 가장 가까운 은하와도 수십억 킬로미터의 수십억 배의 수백 배 이상 떨어져 있다. 어떤 형태의 생명체로부터도 너무 멀리 떨어져 있고, 가장 가까운 항성에서 오는 빛이 도달하려고 해도 수천만 년이 걸리는 곳이다. 이런 곳에 있으면 얼마나 공허할까? 사람과의 대화도, 가꿀 수 있는 정원도, 빵도, 마실 차도, 아름다운 경치를 감상할 해변의 벤치도 없다. 설상가상, 이곳에서는 감상할 만한 흥미진진한 시공간 곡률조차 존재하지 않는다. 이 우주 공허 한가운데서는 시공간의 곡률이 우주가 경험해본 가장 낮은 수준까지 떨어져 있다. 시간이 시작된 이후로 가장 낮은 수준으로, 플랑크 척도보다는 60자릿수나 낮고, 우리 태양계의 텅 빈 공간 속에서보다도 15자릿수 정도 낮다.

실제로 이런 우주의 툰드라 지역을 여행하기는 불가능하겠지만 거대한 진공실을 만들면 집에서도 그 경험을 재현할 수 있다. 방 아니면 집 안에 있는 벽장 하나를 골라 그 안을 완전히 텅 비워보자. 세상에서 가장 강력한 진공펌프를 이용해서 공기를 완전히 빼낸 후에 완벽하게 밀봉해야 한다. 그리고 마지막 남은 전자, 광자, 다른 기본입자까지 하나도 빠짐없이 다 제거해야 한다. 되었는가? 이번에는 몇 킬로미터 두께의 반사 콘크리트 벽으로 이 진공실에

벽을 세워 당신의 비밀의 방으로 비집고 들어오려는 모든 빛, 중성미자, 우주선cosmic ray, 기타 입자 들을 차단해야 한다. 이제 당신은 우주에서 만날 수 있는 그 어떤 진공보다도 뛰어난 역대 최고의 진공을 만들어냈다고 자축하겠지만, 사실 당신의 진공실은 완전히 비어 있지 않다. 이 공간은 물질이나 물리적 입자 대신 에너지로 채워질 것이다. 끝없이 만들어지고 소멸되는 입자와 반입자로 이루어진 양자 바다의 에너지 말이다. 우리는 이것을 '진공에너지vacuum energy'라고 부른다.

진공 속에서 무언가가 창조되고 파괴될 수 있다는 아이디어가 불편하게 느껴질 수 있다. 무에서 유를 창조할 수 없다는 자연스러운 직관에 반하기 때문이다. 하지만 양자물리학에서는 충분히 작은 공간에서 충분히 짧은 시간 동안이라면 이런 일이 일어날 수 있다. 예를 들어 전자는 전하를 띠는 실제 입자이고, 반대 전하를 띤 물질을 이용해서 끌어당기면 방안에서 쉽게 제거할 수도 있다. 더군다나 전자와 전하만 반대이고 나머지 성질은 동일한 양전자positron라는 반입자도 존재한다. 양자물리학에 따르면 순전하가 0인 전자와 양전자의 쌍이 진공 속에서 언제 어디서든 생성될 수 있다. 여기에는 이 입자 쌍이 베르너 하이젠베르크Werner Heisenberg의 불확정성 원리uncertainty principle에 의해 결정되는 아주 짧은 시간 안에 서로를 혹은 다른 쌍을 소멸시키며 사라져야 한다는 단서가 붙

중력이라는 아름다움

는다.* 이런 입자들을 육안이나 도구를 이용해 직접 포착할 수는 없을 것이다. 진공실에서 이들을 제거할 수 없는 이유 그리고 이들을 '가상입자virtual particle'라 부르는 이유도 다 이 때문이다. 하지만 이 가상입자들이 자발적으로 만들어지고 사라지는 효과는 다양한 실험을 통해 놀라울 정도로 정밀하게 측정되고 검증됐다.

이 실험들 중 가장 잘 알려진 실험 중 일부는 내가 태어난 로잔에서 서쪽으로 50킬로미터 정도 떨어진 제네바에서 이루어졌다. 이곳에는 세계에서 가장 강력한 입자가속기인 LHC가 있다. LHC에서는 양성자를 광속의 99.9999991퍼센트의 속도로 서로 충돌시키는데, 그 과정에서 발생하는 에너지의 총합이 12조 전자볼트에 달한다. 이것은 정지 상태의 전자보다 수백만 배 더 큰 에너지다.** LHC에서 일어나는 충돌의 결과를 올바르게 해석하려면 가상입자 쌍의 자발적 생성이 이 과정에 어떻게 영향을 미치는지 이해하고 있어야 한다.

예를 들어 이런 효과를 고려하지 않고는 힉스 보손이 어떻게 광

---

*   전자-양전자 쌍의 에너지는 최소 $E=2mc^2$이고, 여기서 m은 전자의 질량이다. 하이젠베르크 불확정성 원리의 한 버전에 따르면 에너지에 대한 불확실성 ΔE는 시간에 대한 불확실성 $\Delta t = h/4\varpi\Delta E$를 암시하며, 여기서 h는 앞에서 본 바로 그 플랑크 상수다. 이는 가상의 전자-양전자 쌍이 검출되지 않은 채로 약 $\sim h/8\varpi mc^2$의 시간 동안 존재할 수 있음을 의미한다.

**   입자물리학에서는 흔히 에너지의 단위로 전자볼트electronvolt(eV)를 사용한다. 1전자볼트는 정지 상태에 있는 전자가 1볼트의 전위차를 통해 가속될 때 얻는 운동에너지에 해당한다. 1전자볼트는 약 10^{-26}킬로와트시에 해당한다. 일반적인 가정의 하루 전기 소비량이 10킬로와트시임을 생각하면 1전자볼트 안에 들어 있는 에너지의 양은 인간의 관점에서 보면 말도 안 되게 작은 양이다. 힉스 보손Higgs boson의 경우에는 그 질량을 수십억 전자볼트 단위로 나타내며, 이것을 간단하게 기가전자볼트(Gev)로 줄여서 표현한다.

자로 붕괴하는지 설명할 수 없었을 것이다. 이것은 2012년에 LHC에서 힉스 입자를 검출한 방법 중 하나다. 힉스 입자는 1964년에 여러 연구진(브라우트Brout, 엥글러트Englert, 힉스Higgs, 구랄닉Guralnik, 하겐Hagen, 키블Kibble)에 의해 동시에 제안되었고, W 보손과 Z 보손 같은 입자들이 어떻게 (관성) 질량을 획득하는지 설명해준다. 힉스 입자는 다른 입자들이 잠겨 있는 바다라 생각하면 된다. 힉스 입자의 발견은 진공이 텅 비어 있는 것이 아니라 적어도 힉스 장Higgs field의 에너지로 채워져 있다는 증거다. 이것은 우리가 진공에너지라 부르는 것, 즉 우리가 만든 진공실이나 우리가 방문한 은하 간 우주 공허처럼 텅 빌 대로 빈 공간 안에 들어 있는 에너지의 일부다. 힉스 입자는 이 비소멸 진공nonvanishing vacuum(양자론에서 에너지가 완전히 0이 아닌 상태를 유지하는 진공 상태—옮긴이)에 기여함으로써 다른 모든 유질량 입자에 영향을 미쳐 그들의 속도를 늦추며, 이것이 사실상 관성 질량의 기원으로 이어진다. 하지만 이것은 곧 이어서 볼 다른 효과도 일으킬 수 있다.

힉스 보손은 전하가 없는 중성 입자이기 때문에 광자와 직접 상호작용하지 않는다. 하지만 힉스는 전하를 띤 W^+ 보손과 W^- 보손 가상입자 쌍을 만들 수 있으며, 이것들은 광자와 상호작용할 수 있다. 이것은 힉스가 W 보손의 가상입자 쌍을 매개로 해서 광자로 붕괴한다는 의미이고, LHC에서 관측된 현상이 바로 이것이었다. 사실 흔히 루프 보정loop correction이라고 알려진 이 가상입자들의 영향은 아주 잘 이해되어 있고, 상당히 정밀하게 측정된 데이터와도

중력이라는 아름다움

흠잡을 데 없이 완벽히 일치하기 때문에 우리는 가상입자 쌍 생성의 효과를 일상적으로 고려하고 있을 뿐 아니라, 가상입자 쌍 안의 가상입자 쌍 안의 가상입자 쌍 안에서 만들어진 가상입자 쌍에 대해서도 고려한다(SF 영화 〈인셉션〉을 보았다면 이것은 5단계의 꿈까지 완벽한 통제력을 얻는 것에 해당하는 이야기다).

할리우드의 상상력 속에서나 가능한 일로 보이겠지만, 입자물리학자들에게는 이것이 일상적인 현실이다. 입자의 세계에서는 가상입자의 효과를 보여주는 증거가 압도적으로 많다. 그들의 존재를 부정하려면 반세기 이상 걸어온 과학적 진보를 부정하고, 지난 20년 동안 수여된 노벨상의 4분의 1을 무효로 선언해야 한다. 이런 가상입자를 직접 검출할 방법은 없지만 이들이 물리적 입자들의 산란에 지속적으로 영향을 미치고 있다는 점과 우리 우주의 실재에서 본질적인 부분이라는 점에는 의심의 여지가 없다.

암흑물질, 암흑에너지와 달리 가상입자는 가설 속에 존재하는 새로운 형태의 물질이나 에너지가 아니다. 이들은 한마디로 모든 알려진 입자에 편재하는 영혼으로, 양자요동 때문에 항상 존재한다. 전자, 광자, 쿼크, 중성미자, W 보손 및 Z 보손 등 우리가 알고 있는 모든 기본입자는 가상의 수준에서 등장할 수 있으며, 물리적 과정에 자발적으로 영향을 미칠 수 있다. 일부 경우에서는 가상입자들이 그들이 없었다면 불가능했을 새로운 채널을 열 수도 있다. 힉스 보손이 2개의 광자로 붕괴하는 것이 그런 사례다. 이것은 전하를 띤 W 보손의 가상입자 쌍이 없었다면 불가능했을 것이다. 또 다른 사례에서는 가상입자의 루프가 특정 결과가 일어날 확률에 아주 미약하게 영향을 미칠 수 있다. 심지어 2012년에 LHC에서 발견된 힉스 입자도 진공이 비어 있지 않다는 증거를 제공한다. 오히려 진공은 적어도 힉스 장의 진공에너지로 채워져 있다. 그리고 다른 모든 유질량 입자에 영향을 미쳐 그들의 속도를 늦추고, 사실상 관성 질량의 기원으로 이어지는 것이 바로 이 비소멸 진공의 값이다.

이 양자 입자의 바다는 언제 어디에나 존재한다. 공허 속에도, 은하 속에도, 심지어 블랙홀 근처에도 존재한다. 이것은 입자물리학의 진공에너지가 우주의 가장 깊은 층까지 빠짐없이 모두 채우고 있다는 것을 의미한다. 공간과 시간을 관통하며 지속되는 이것은 우주상수와 정확히 동일한 작용을 한다. 사실 아인슈타인 일반상대성이론의 고전적 방정식의 관점에서 바라보면 이 진공에너지를 우주상수와 구별할 수 없다. 따라서 원래 아인슈타인에 의해 임시방편의 해결책으로 도입된 이 Λ가 한마디로 모든 입자에서 기대할 수 있는 진공에너지라 할 수 있고, 따라서 우주를 가속 팽창시키는 가장 자연스럽고 명백한 원동력이라 할 수 있다. 적어도 이것이 우리 우주, 즉 실재의 전체 구조가 우리에게 드러내고 있는 것에 대한 설명으로 가장 널리 받아들여지는 것 중 하나다. 이것이 현대 과학의 두 기둥을 완벽한 공생관계로 결합해주고 있기 때문이다. 한편에서는 양자 입자물리학이 일정하고 균일한 진공에너지의 바다가 존재함을 예측한다. 또 한편에서는 등가원리가 일반상

중력이라는 아름다움

대성이론의 법칙으로 이어지고, 이 법칙은 우주가 이 진공에너지에 반응해서 가속 팽창을 경험해야 한다고 예측한다. 이 두 가지를 합치면 우주의 역사를 일관되고 모순 없는 방식으로 기술할 수 있다. 이것은 우주가 가속하며 팽창하고 있다는 것을 밝혀내 사람들을 당혹하게 만들었던 초기의 관찰 내용과도 잘 부합한다. 언뜻 보면 모든 것이 완벽하게 작동하는 것으로 보인다. 하지만 안타깝게도 자연은 결코 그렇게 간단하지 않다.

과학 역사상 가장 큰 불일치

마무리하는 데 몇 달이 걸린 복잡한 계산식들을 앞에 둔 상태였고, 상황은 내가 기대했던 대로 올바른 방향을 향해 아주 잘 풀려나가고 있었다. 그리고 나는 이런 경우에는 하던 일을 멈추고, 마지막 계산은 다음 날로 미루는 것이 좋다는 것을 알고 있었다. 적어도 이렇게 하면 나와 주변 사람들에게 아주 즐거운 저녁 시간을 선사해줄 수 있고, 마지막 계산을 수행한 후에 나를 기다리고 있을 복잡한 문제들을 잠시나마 모른 척 넘어갈 수 있기 때문이다. 이것이 바로 내가 앞 절에서 남겨둔 상황이다. 지금까지만 보면 입자물리학의 진공에너지가 우주 어디에나 자연스럽게 존재하면서 자연스러운 우주상수로 작용하며 우주의 가속 팽창을 설명하는 것으로 보인다. 이제 우리에게 남은 것은 계산을 마무리하는 것밖에 없다. 우주의 가속 팽창이 입자의 진공에너지에 의해 생겨난다는 것을 자기 자신과 나머지 과학계에 확신시키려면 진공이 가지고 있을 것으로 예상되는 에너지 밀도의 양과 우주의 가속 팽창을 설명하는 데 필요한 에너지 밀도의 양만 비교해보면 된다. 성배가 이렇듯 손에 잡힐 듯 가까이 있으니, 여지 저기 약간의 수학과 계산식이 들어간다고 해서 당신이 여기서 책을 덮지는 않으리라 생각한다.

앞에서 보았듯이 우주의 임의의 지점에서 암흑에너지의 실제 양은 다소 낮은 세제곱센티미터당 10^{-33}킬로그램(10^{-33}kg/cm^3), 입자물리학의 단위로 하면 10^{-12}네제곱전자볼트(10^{-12}eV^4) 정도로, 지표면 근처의 암흑에너지를 모두 긁어모아도 간신히 차 몇 잔 끓일 수 있을 정도의 에너지밖에 안 된다. 이것이 우리가 관찰한 우주의 가속 팽창을 설명하는 데 필요한 암흑에너지 밀도의 양이다.

이번에는 입자가 얼마나 많은 진공에너지를 제공할 수 있는지 살펴보자. 질량이 m인 입자를 생각해보자. 이 입자는 질량에 비례하는 에너지 E를 갖고 있다(아인슈타인의 유명한 방정식 $E=mc^2$을 떠올려보자). 각각의 입자는 자기만의 반입자를 가지고 있고, 이 반입자도 동일한 질량 m을 갖고 있다. 하이젠베르크의 불확정성 원리에 따르면 입자-반입자 쌍은 진공에서 튀어나와 최대 $\Delta t \sim h/E$의 시간 동안 머물 수 있다(여기서 h는 플랑크 상수).[*] 이 시간 Δt는 입자의 에너지의 역수에 비례하고, 따라서 그들의 질량의 역수에 비례한다. 이 시간 Δt 동안, 이 입자들은 최대로 $d=hc/E=h/cm$만큼의 거리를 이동할 수 있으며, 따라서 최대한으로는 질량의 세제곱의 역수에 비례하는 부피를 차지할 수 있다. 이 내용이 잘 이해되지 않는다면 그냥 이렇게 생각하면 된다. 결국 질량이 m인 모든 입자에 대해, 진공은 에너지 밀도가 질량의 네제곱에 비례하는 가상의 입자-반입자 쌍의 바다로 채워져 있어야 한다.[**]

전자를 예로 들어보자. 조지프 존 톰슨Joseph John Thomson은 수십 년 간의 추측 끝에 1897년에 이 입자를 발견했다. 전자 하나의 질량은 약 10^{-30}킬로그램으로 인간의 기준에서 보면 대단히 작다. 하지만 진공에서는 이것이 10^{-30}킬로그램~0.5메가전자볼트의 네제곱에 해당하는 에너지 밀도이며, 이는 대략 $(0.5 \times 10^6 \text{eV})^4 \sim 10^{22} \text{eV}^4$ 정도다. 실로 엄청난 양이다! 1907년에 영국의 물리학자 올리버 로지Oliver Lodge가 비교한 바에 따르면 이것은 "100만 킬로와트 용량의 발전소에서 3000만 년 동안 생산하는 모든 에너지가 1세제곱 밀리미터의 공간마다 영구적으로 존재하지만 현재는 접근이 불가

---

[*] 정확히 말하면 질량이 m인 정지 상태의 입자-반입자 쌍을 생성하는 것과 관련된 시간의 불확실성 Δt는 $\Delta t=h/(8\pi mc^2)$로 주어지며 그 총에너지 $E=2mc^2$이다.

[**] 에너지 밀도는 단위 부피당 에너지의 양을 말한다. 입자 단위에서는 모든 것을 에너지나 질량과 연관시킬 수 있다는 것을 앞에서 살펴보았다($E=mc^2$으로 연결된다). 작은 거리를 조사하려면 더 큰 에너지가 필요하기 때문에 에너지는 길이에 반비례하고, 부피는 에너지의 세제곱에 반비례한다. 이는 에너지 밀도가 에너지의 네제곱, 또는 이와 동등하게 질량의 네제곱에 비례한다는 것을 의미한다. 이것을 $E/d^3 \sim c^5 m^4/h^3$으로 표현할 수 있다.

능한 상태"라 할 수 있다.[14] 이것은 중력에 미치는 효과를 제외하면 접근이 불가능한 에너지다. 우주의 가속 팽창에 미치는 영향이라는 측면에서 보면 이것은 현재 관찰된 내용을 설명하는 데 필요한 암흑에너지의 양보다 34자릿수 정도 큰 값이다. 바꿔 말해, 아인슈타인의 방정식에 이 전자의 기여를 진공 에너지원으로 도입하면 현실성 없는 너무 큰 곡률이 나온다.

현대의 우주상수와 양자 진공에너지 사이의 관계는 1968년에 소련의 물리학자 야코프 젤도비치Yakov Zel'dovich에 의해 밝혀졌지만 진공이 우주론적 의미의 에너지를 갖고 있다는 아이디어는 1920년 대에 독일의 화학자 겸 물리학자 발터 네른스트Walther Nernst의 주장으로 거슬러 올라간다. 놀랍게도 이 제안에 반응해서 독일의 물리학자 빌헬름 렌츠Wilhelm Lenz는 1926년에 전자의 질량에너지만큼 높은 주파수를 가진 파동의 진공에너지로 발생하는 시공간의 곡률이 너무 커서, 거기서 나오는 우리 우주의 허블 반지름Hubble radius(우리가 그 너머로는 볼 수 없는 거리)이 "달에도 닿지 못할 것"이라 추정했다.[15,16] 볼프강 파울리도 1933년에 같은 결론에 도달했다.[17,18]

요즘에는 질량이 훨씬 큰 입자의 존재도 알려져 있다. 예를 들어 힉스 보손이 진공에너지에 기여하는 부분을 고려하면 거기서 나오는 우주의 곡률이 너무 커서 우리 우주의 관측 가능한 반지름이 센티미터 역치에 간신히 도달하게 된다. 이것을 액면 그대로 받아들인다면 이 거리 너머로는 아무것도 볼 수 없으며, 전자기약력이나 강력으로 우리에게 묶여 있는 것이 아니면 말 그대로 우리가 볼 수도 없는 빠른 속도로 멀어진다는 의미가 된다. 이 책의 내용이 빛보다 빠른 속도로 멀어지는 일 없이 당신의 눈에 들어오는 것을 보면 이것이 우리가 살고 있는 실제의 모습은 아니라는 소리다. 따라서 우리가 추정한 진공에너지가 우주를 가속 팽창시키는 암흑에너지가 될 수는 없다.

하지만 어디서 잘못된 것일까? 아주 잘 검증되어 신뢰할 수 있는 이론이 두 가지 있다. 한편에는 양자물리학이 있다. 양자물리학은 가상입자의 바다로 입자물리학의 영역을 지배하며, 이 가상입자의 역할은 입자물리학 실험을 통해 흠잡을 데 없는 정확도로 확립되어 있다. 그리고 다른 한편에는 100년이 넘는 시간 동안의 철저한 검증에도 결코 우리를 배신한 적이 없는 일반상대성이론이 있다. 일반상대성이론이 블랙홀의 특이점이나 빅뱅의 특이점에 도달하기 전의 어느 시점에 가서는 자신이 붕괴하리라 예측한 것은 사실이다. 하지만 우주적 척도에서는 그렇지 않다. 일반상대성이론이 우주적 척도에서도 붕괴할 수 있는 것일까?

우리가 오늘날 직면하고 있는 진짜 질문은 '우주상수 문제cosmo-logical constant problem'이다. 이것은 우주의 가속 팽창을 일으키는 암흑에너지의 본질에 관한 질문이 아니라 우주가 이렇게 느리게 가속하는 이유가 무엇이냐는 질문이다. 우주가 진공에너지에 의해 가혹하게 휘어졌어야 맞는데, 어떻게 관측 가능한 우주가 이렇게 커질 수 있는 것일까? 달리 말하자면 왜 암흑에너지가 전체 에너지 중 70퍼센트만을 차지하게 됐을까? 우리의 예상에 따르면 이것보다 훨씬 많이 차지하고 있어야 했다. 좀 더 거슬리게 표현하자면 당신과 나를 이루고 있는 정상 물질이 어떻게 현재 존재하는 총에너지 중 무려 5퍼센트나 차지할 수 있을까? 물론 그렇지 않았다면 우리가 지금 여기서 스스로 이런 질문을 던지는 일도 없었을 것이다. 따라서 어쩌면 자연이 우리에게 친절을 베풀어 우리가 살기에 적합한 환경을 제공해준 것인지도 모른다. 이런 인류원리적anthropic(우주의 물리적 법칙과 상수가 지적 생명체, 즉 인간이 존재할 수 있도록 정확하게 조율되어 있다는 우주론적 개념—옮긴이) 해석은 언제나 가능하지만, 우리 우주가 어떻게 지금의 모습이 되었는지를 이것으로 설명할 수는 없다.

또 다른 가능성은 진공이라는 맥락에서 적용할 때는 우리가 입자물리학에서 기대하는 바가 올바르지 않을 수 있다는 것이다. 어쩌면 양자 진공에너지 같은 것은 존재하지 않는지도 모른다. 이것은 거의 한 세기 전에 렌츠 그리고 뒤를 이은 파울리의 깨달음 이후 전개된 사고방식과 매우 가깝다. 파울리는 양자역학의 창시자 중 한 명이었는데도 양자 진공에너지라는 개념은 거부해야 한다고 믿었다.* 물론 이때와 지금은 차이가 있다. 이후로 우리가 우주의 팽창이 실제로 가속되고 있음을 확인했기 때문이다. 무언가 이

---

* 파울리는 양자 진공에너지를 '영점 에너지zero-point energy'라 불렀다. 이 용어는 오늘날에도 가끔 사용된다. 중력이 존재하지 않는 상태에서의 진공에너지는 영점 에너지다. 다른 그 어떤 것과도 접촉점이 없기 때문이다. 즉, 우리는 그것과 상호작용하지 않는다. 하지만 우리는 그 중력 효과를 느끼며, 중력을 포함하면 진공에너지는 더 이상 영점 효과가 아니다.

중력이라는 아름다움

런 가속 팽창을 일으키고 있는 것은 분명한데, 그 주체가 진공에너지가 아니라면 대체 무엇이란 말인가? 진공에너지를 0으로 설정하거나 그냥 무시하고 우주를 가속시키는 새로운 암흑에너지 원천이 존재한다고 상정하는 것도 하나의 방법일 수 있지만, 이는 문제의 핵심을 피해가는 것이다. 우리 우주가 진공에너지의 영향력 아래 격렬하게 휘어지지 않고 있는 이유는 대체 무엇일까?

우주는 다양하고 미묘한 방식으로 우리와 소통한다. 우리가 지금 직면하고 있는 미스터리가 더 깊은 진실에 대한 힌트가 아닐까? 새로운 물리학이 등장할 조짐을 찾는 것이 모든 혁신에서 핵심적인 역할을 해왔지만, 이 단순하고 순진한 질문은 현재 우리 과학계에 당혹감을 불러일으키고 있다. 지금까지 이 책에서는 수십 년의 연구 성과를 끌어와 재구성하면서 사후적 관점에서 중력의 이야기를 들려주었다. 하지만 지금부터는 지도 밖으로 떠나려 한다. 6장과 7장은 현재 진행 중인 모험을 그리고 있다. 이 모험에서는 우리 스스로 방향을 정하는 특권을 누릴 수 있을 것이다.

6장

중력자와
중력의 질량

새로운 모험의 기회

2021년 유럽우주국은 네 번째 우주비행사 선발 계획을 예고했다. 그리고 머지않아 사람들은 내게 다시 도전할 의향이 있는지 묻기 시작했다. 그리고 아니라면 어째서 미국이나 민간 부분에서 또 다른 기회를 엿보지 않았는지, 더 나아가 직접 발 벗고 나서서 다른 방식으로 우주 분야를 발전시키지 않는 이유는 무엇인지, 어째서 평생의 꿈이었던 것을 이 한 가지 장애물이 방해하게 내버려두는지 등등을 물어왔다.

분명 게으름 때문은 아니었고, 헌신이 부족해서도 아니었다. 더 나아가 상상력의 부족 때문도 아니었다. 이 대답은 낙하의 아름다움에서 찾을 수 있다. 여기서 핵심은 공허 속으로 뛰어들기 위해 필요한 용기와 결단력의 양도 아니고, 얼마나 우아하게 점프하는

지도 아니고, 위에서 바라보는 경치가 얼마나 아름다운지도 아니다. 인생과 하늘을 가로지르는 낙하의 핵심은 낙하를 있는 그대로 즐기고, 언제 어떻게 멈춰야 하는지 아는 상태에서 무중력의 감각을 즐기다가 때가 되면 줄을 당겨 낙하산을 펴고, 자유낙하의 돌진을 다른 방향으로 돌리는 것이다.

잠복 결핵 진단을 받은 후 내게 새로운 모험의 기회가 찾아왔다. 어려우면서도 불확실한 새로운 경로를 따라 이어질 모험이었다. 한 걸음만 더 나아가면 우주에 닿을 뻔했던 그 모험처럼 말이다. 하지만 무언가 새로운 것을 발견하는 데 기여할 기회를 제공해서 여정을 가치 있게 만들어줄 길이기도 했다.

지금까지는 문제없다

일반상대성이론은 수십 자릿수나 차이 나는 다양한 물리적 척도에 걸쳐 성공적으로 자신의 길을 걸어오면서 시공간의 구조에 담긴 아름다움을 드러내고, 자연의 본질을 밝히는 데 기여해왔다. 자유낙하의 즐거움을 누릴 때와 마찬가지로 일반상대성이론과 함께하는 우리의 우주 탐험도 너무나 완벽하고 평화롭게 느껴져서 자신을 잊어버리고, 앞으로 다가올 일을 잊어버리기 쉽다. 하지만 일반상대성이론은 자신의 실패를 예측하면서 이 행복한 여정이 영원히 지속되지 않을 것임을 분명히 예고해왔다. 이다음에 찾아올 것은 도전적이면서도 예측 불가능한 것일 수밖에 없다.

다행스럽게도 이 여정은 계속 이어지고 있다. 일반상대성이론은 우리 태양계 안에서 놀라운 정확도로 검증이 이루어졌고, 우리 주변의 환경에서도 확고한 길잡이 역할을 할 수 있는 것으로 입증됐다. 하지만 우리의 고향 태양계, 우리의 은하, 심지어 우리의 국소 은하단을 벗어나면 무슨 일이 생길까? 우리가 우주의 극단까지 여행하는 내내 일반상대성이론이 우리를 제대로 안내해주리라 신뢰해도 될까? 천체물리학계와 우주론학계는 대부분 그렇다고 말할 것이다. 지금까지는 문제가 없다.

사실 지난 20년 동안 현재의 우주론 패러다임 덕에 우주에 관한 수많은 질문과 관련해 놀라운 진전이 있었다. 우리는 빅뱅 직후부터 그 이후로 수십억 년 동안 이루어진 우주의 진화를 성공적으로 설명할 수 있었다. 빅뱅의 잔광에서 나오는 빛의 패턴을 예측할 수 있었고, 은하단의 형성과 분포, 우주에 존재하는 풍부한 원소 등을 현재 관찰되는 내용과 완벽히 일치하게 설명할 수 있었다. 하지만 이처럼 많은 성공을 거두었는데도 우주론 패러다임은 우리에게 몇 가지 작은 희생을 요구한다. 앞으로 더 나가기 위해 우리가 반드시 받아들여야 하는 도그마다. 우주론 패러다임을 만들기 위해서는 특정 요소가 포함되도록 특별히 신경 쓰면서 특정 레시피를 따라야 한다.

1. 가는 붓을 사용해서 우주상수 문제를 세밀하게 해결하는 것

에서 시작하고, 알려진 입자의 양자 진공에너지가 미치는 중력적 영향은 무시할 수 있다고 가정한다. 그렇지 않으면 그 영향으로 우주가 1센티미터 미만의 크기로 말려들어가고 말 것이다.

2. 다음에는 우주의 모든 구석구석을 암흑 형태의 에너지로 채운다. 이 에너지는 우리가 측정했던 그 무엇과도 속성이 다르고, 우주의 총에너지 중 70퍼센트를 차지하는 유체다.

3. 다음에는 우리 우주 중 95퍼센트는 우리에게 보이지 않는다는 사실을 받아들인다. 즉, 대부분의 물질이 우리 곁에서 비밀스러운 삶을 살아가고 있다고 생각하는 것이다.

4. 그리고 마지막 단계로 우주의 팽창 속도에 관한 다양한 측정치(이것은 의심할 이유가 없을 정도로 정확한 값들이다) 사이의 불일치를 별것 아니라고 간주하고, 이런 불일치가 결국에는 사라지기를 바란다. 현재 이런 불일치가 단순한 오류일 가능성은 300만 분의 1 미만이지만 말이다.

아직 그 어떤 측정이나 관찰을 통해 입증된 바는 없지만 일반상대성이론이 우주의 가장 고립된 환경에서도 중력을 적절히 설명하고 있다는 현재의 우주론 패러다임을 믿는다면, 이런 절차와 이런 요소를 당연한 것으로 받아들여야 한다. 하지만 이런 가정이 너무 억지스러운 것이라면? 만약, 미친 소리로 들릴 수도 있겠지만, 만약 큰 우주 척도에서는 아인슈타인의 일반상대성이론이 밝혀낸 것 이상의 무언가가 중력에 존재한다면? 어쩌면 일반상대성이론이 우주의 심연에서도 그대로 통할 것이라 믿는 것은 바다 가장 깊은 곳에 사는 물고기들이 따뜻한 열대 바다에 사는 물고기와 생김새도 똑같고, 행동도 똑같으리라 기대하는 것과 비슷한 일일지도 모른다. 어쩌면 우리의 매혹적인 낙하가 이제 막을 내리고, 중력에 대해 무언가 새로운 것을 시도하고, 새로운 길을 탐험해야 할 시간이 온 것인지도 모르겠다. 과감히 이런 도전에 나선다면 우리는 무엇을 발견하게 될까?

중력에 질량이 있다고?

거의 모든 과학적 주제에는 과학계가 일반적으로 동의하거나 수렴하는 측면도 있고, 갈등과 회의적인 반응을 불러일으키는 측면도 있다. 지금까지 내가 이 책에서 제시한 내용은 주로 사람들이 받아들이는 측면에 속한 것이었다. 내가 말했던 내용 중에 논란의 여지가 있을 만한 것은 거의 없었다. 그렇다고 내가 모든 것을 전통적인 관점에서 다루었다는 의미는 아니지만, 과학적 합의에서 벗어난 관점은 일부러 소개하지 않은 것이 사실이다. 지금부터는 달라질 것이다!

이 장에서는 지금까지 설명한 다소 터무니없어 보이는 가정을 대체할 이론을 공유하려고 한다. 이 이론은 내가 훌륭한 동료들과 공동 연구를 통해 개발한 것이지만, 과학계 대다수 사람들에게 아직 확정적인 이론으로 받아들여지지는 않았다. 심지어 나조차 이 이론을 받아들이는 것이 맞는지 전적으로 확신이 서지는 않는다. 하지만 나는 이것이 조사할 만한 가치가 있는 이론이라 생각한다. 아무리 작은 가능성일지언정 그로부터 무언가를 배우고, 실재에 대해 더 나은 그림을 그리는 데 도움이 될 수 있기 때문이다. 이 이론이 실패하더라도 조사 과정에서 얻은 통찰을 통해 일반상대성이론이 얼마나 독특한 이론인지, 우주 가속팽창의 진정한 기원이 무엇인지, 중력을 어떻게 실험해야 하는지에 대해 많은 것을 배울 수 있을 것이다. 어쩌면 가장 중요한 것은 이런 대안 이론을 탐구함으로써 스스로 새로운 질문을 던지고, 자연의 법칙을 다른 관점에서 바라볼 기회를 얻는 것일지도 모른다.

아인슈타인의 일반상대성이론은 앞서 설명한 등가원리를 전제로 구축되어 있다. 등가원리에 따르면 우주 만물은 중력과 동등하게 연결되어야 하며, 시공간 구조에도 비슷한 영향을 미쳐야 한다. 이 원리가 우리의 우주론/진공에너지 문제의 핵심에 자리 잡고 있다. 이 원리에 따르면 진공에너지는 중력적 영향을 미쳐야 하고, 이 영향을 통해 우리 우주의 구조가 완전히 재구성되었어야 옳기 때문이다. 이렇게 되었다면 우주는 우리가 전혀 알아볼 수 없는 지경으로 바뀌었을 것이다.

영어에서 '중력'을 뜻하는 'gravity'가 종종 엄중함seriousness의 개념과 연관되는 것은 우연이 아니다. 우리에게 익숙한 척도에서는 중력이 가장 엄중한 현상이며, 사물과 사람을 가리지 않고 모든 존재를 똑같은 중요성, 집중, 헌신으로 압도한다. 사실 뉴턴과 아인슈타인이 설명한 바와 같이 중력은 범위가 무한한 현상으로, 모든 것에 똑같이 엄중한 힘으로 영향을 미친다. 중력의 인력은 두 물체 사이 거리의 제곱에 반비례해서 약해지지만, 아무리 멀어진들 중력의 지배력에서 완전히 벗어날 수는 없다. 두 물체를 우주의 끝과 끝으로 벌려 놓는다고 해도 엄밀히 따지면 서로를 미약한 힘으로나마 잡아당긴다. 이것은 우주 전체가 자기 자신에게 중력적 영향을 미쳐야 한다는 것을 암시하며, 이런 깨달음이 우주 가속팽창 문제의 핵심에 있다. 우주의 팽창이 현재 관측된 속도로 가속되는 이유가 무엇일까? 우주 자체의 질량에서 발생하는 중력으로 팽창 속도가 그보다 느려지거나, 혹은 진공에너지 때문에 그보다 훨씬 빨리 가속할 것으로 예측되는 상황에서 말이다. 일반상대성이론은 고집이 너무 세서 진공에너지를 비현실적으로 작은 수준으로 조정하는 부자연스러운 미세조정을 거치지 않는다면, 이 두 가지 결과 말고 그 중간의 다른 가능성을 위한 여지를 거의 남기지 않는다.

하지만 중력의 깊숙한 속을 들여다보았더니 사실 그렇게 엄중하지만은 않다면? 수십억 년 동안 존재하는 과정에서 중력이 남몰래 유머 감각을 키우지는 않았을까? 중력이 자신의 낙하를 경험한 후에 자신의 한계를 건강하게 인식하게 되지 않았을까? 만약 중력이 이제 때가 되었음을 이해하고 움켜쥐고 있던 지배력을 그냥 내려

놓는다면? 그렇다면 이것으로 엄청나게 커 보이는 진공에너지가 어떻게 우리 우주의 진화와 모순을 일으키지 않을 수 있는지 설명할 수 있다. 그럼 진공에너지의 존재를 애써 외면하거나, 그 값을 생각할 수도 없는 작은 수준으로 기적처럼 조정할 필요가 없어질 것이다. 대신 이 그림에 따르면 진공에너지가 중력을 매개로 우리 우주에 미치는 영향은 그저 공간과 시간을 따라 완화될 것이다.

이 모든 것이 말이 안 되는 헛소리처럼 들릴 수 있다. 당신만 그런 것이 아니니 안심하기 바란다. 중력이 지배력을 내려놓을 수 있을 가능성, 더 정확히 말하면 중력의 작용 범위가 유한해서 세상 만물과 모두 똑같이 엄격하게 상호작용하지 않을 가능성에 대해 많은 과학자가 생각해보았지만, 결국에는 이해하기가 너무 어려워서 이런 아이디어를 거부했다. 이런 아이디어가 어떻게 작용하는지 그리고 기존의 과학자들이 마주한 문제가 무엇인지 이해하려면 중력의 숨은 힘으로 돌아가야 한다.

우리는 중력이 우리가 살고 있는 시공간의 휘어진 기하학의 원천이며, 그 안에 진정한 힘이 담겨 있음을 보았다. 이 힘은 조석력으로 발현되는데, 조석력은 현재 중력파 관측에서 일상적으로 관찰되는 것처럼 미묘하고 부드러운 힘일 수도 있고, 블랙홀에 빨려 들어갔을 때 우리를 갈가리 찢어놓을 치명적이고 극단적인 힘일 수도 있다. 전자기력이 빛이나 전자기파를 통해 전달되는 것과 마찬가지로 이 힘은 글라이트 혹은 중력파를 통해 전달된다. 우리는 이제 스탠리 데서Stanley Deser, 리처드 파인먼Richard Feynman, 스티븐 와

인버그Steven Weinberg 등 여러 훌륭한 과학자들의 통찰 덕분에 일반상 대성이론이 무질량 글라이트 파동glight wave을 일관되게 기술할 수 있는 유일한 방법임을 알고 있다. 다시 말해, 등가원리를 언급할 필요도 없이 단순히 중력파가 무한히 엄중할 것을 요구하는 것만 으로도 분명하게 일반상대성이론으로 이어지게 되는 것이다.

글라이트처럼 질량 없이 가볍다는 것은 놀랍게 들릴 뿐만 아니 라 해방된 느낌마저 준다. 나라면 이렇게 가벼워져서 나쁠 것이 없 을 것 같다. 특히 버스를 잡으려고 달려가는 순간이라면 말이다. 하지만 지나치게 가벼운 것이 항상 즐거운 일만은 아니다. 글라이 트가 무질량 상태라는 것은 중력이 엄격한 법칙이어야 한다는 암 시를 내포하고 있다. 즉, 모든 존재와 영원히 엄격한 방식으로 상 호작용하며, 절대 늦춰지지도 않고, 절대로 지배력을 내려놓지도 않아야 한다는 의미다. 이 현상에 나타나는 이런 엄중함이 우주상 수 문제의 핵심에 자리 잡고 있다. 하지만 만약 중력이 완화되는 것을 허용한다면 진공에너지를 이렇게 진지하게 받아들일 필요가 없어진다. 이런 경우에는 진공에너지가 우주에 유한한 시간 동안, 유한한 거리에 걸쳐 영향을 미치게 될 것이다. 하지만 이런 일이 일어나기 위해서는 중력이 일반상대성이론에서처럼 질량 없이 가 벼운 존재여서는 안 된다. 그러면 무한한 범위를 가질 수 없다. 오 히려 질량을 가져야 한다.

중력이 질량을 가진다는 개념은 언뜻 모순적으로 보일 수 있다. 우리는 보통 질량체가 중력장을 생성한다고 생각하지, 중력장 자

중력이라는 아름다움

체에 질량이 있다고는 생각하지 않는다. 여기서 질량이 있다는 말은 그냥 글라이트, 더 정확히는 글라이트를 구성하고 있는 입자들이 관성 질량을 갖고 있다는 의미이지(1장에서 논의한 것처럼), 중력이 거대하다거나 중력의 질량이 자기 자신을 끌어당긴다는 의미는 아니다.* 관성 질량이 큰 입자는 움직이기가 더 힘들다. 즉, 관성이 더 강하다. 이 결과 유질량 중력자massive graviton(유질량 중력의 경우)는 무질량 중력자massless graviton(일반상대성이론의 경우)보다 잘 움직이지 않고, 더 쉽게 지친다. 다리에 사슬로 공을 매달아 놓으면 사람의 이동 범위가 제한되듯이 중력에 관성 질량을 부여하면 중력의 작용 범위와 지속 시간이 달라지게 된다. 물론 중력에 쇠사슬과 공을 매달자는 극단적인 이야기는 아니다. 이것은 너무 잔인한 얘기일 뿐 아니라 실현 가능하지도 않다. 우리에게 필요한 것은 중력을 서서히 늦추는 방법이다. 만약 중력이 소량의 관성 질량을 가지고 있다면 어쩔 수 없이 언젠가는 정지해서 지배력을 내려놓을 수밖에 없을 것이고, 중력의 작용 범위가 유한해진다. 숨겨 놓았던 유머 감각이 풀려 나오는 것이다. 그럼 이 결과로 우주의 가속팽창은 일반상대성이론이 예측하는 것보다 훨씬 덜 극적이게 되고, 우리의 관찰이 입자물리학의 예측과 잠재적으로 양립할 가능성이 생

---

* 일반상대성이론에서도 글라이트는 자기 주변 시공간의 곡률에 영향을 미친다(이 현상을 역반응backreaction이라 한다). 따라서 어떤 면에서 보면 일반상대성이론에서도 중력은 이미 자기 자신을 끌어당긴다(혹은 자기 자신과 상호작용한다). 비록 질량의 유무와 상관없이 그 영향은 보통 아주 작지만 말이다. 이와 동일한 현상이 유질량 중력에서도 일어나며 대부분의 상황에서 전체적으로 비슷한 효과를 나타낸다.

긴다.

힘이 질량을 가진다는 개념은 사실 자연에서 흔히 일어나는 현상이다. 약한 핵력weak nuclear force(약력)을 예로 생각해보자. 이 힘은 그 이름에서도 알 수 있듯이 약한 힘이다. 약력은 생명에 필수적이다. 이 힘은 수소가 방사능 붕괴를 일으키며 헬륨으로 바뀌는 핵융합 반응도 담당한다. 이 반응이 바로 태양의 에너지원이다. 우리는 이 약한 핵력의 효과를 일상적으로 활용하고 있다. 우리 몸에 다양한 동위원소를 주입하고 그 안에서 일어나는 방사선 붕괴를 모니터링하여 정확한 의료 영상을 얻는 양전자방출단층촬영positron emission tomography(PET) 스캐닝이 이런 사례다.

핵의학 영상검사 전문가나 태양 핵물리학자가 아니라면 이 약력이 조금은 동떨어지게 느껴지는 것도 무리가 아니다. 우리가 그 가까운 사촌인 전자기력만큼 이 힘과 익숙하지 않은 것은 바로 이 힘이 약하기 때문이다. 이 힘의 약한 성질은 그것을 운반하는 입자, 즉 W 보손과 Z 보손의 질량이 꽤 크다는 사실과 직접적으로 관련이 있다. 이 입자들은 다른 입자들과 함께 1960년대에 입자물리학 표준모형의 창시자 중 한 명이자 임페리얼칼리지런던 이론물리학 그룹의 창시자이기도 한 압두스 살람Abdus Salam이 예측했다. 이 발견으로 그는 1979년에 스티븐 와인버그, 셸던 글래쇼Sheldon Glashow와 함께 노벨상을 수상했다. 이 발견은 입자물리학의 표준모형을 개발하는 중요한 역할을 했으며, 힘에도 질량이 있을 수 있음을, 바꿔 말하면 힘운반 입자force-carrying particle가 질량을 가질 수 있음을 이해할 수 있게 해주었다. 덧붙여 말하자면, 살람은 이슬람 국가 최초의 과학 분야 노벨상 수상자이기도 하다.

정확히 어떻게 보손이 질량을 획득할 수 있는지는 임페리얼칼리지런던의 또 다른 교수 톰 키블Tom Kibble과 앞에서 언급한 몇몇 다른 연구자들에 의해 또 하나의 기적의 해인 1964년에 밝혀졌다. 같은 해에 적어도 6명의 연구자가 거의 동시에 힘운반 입자에 질량을 부여하는 새로운 입자가 반드시 존재해야 한다는 것을 인식함으로써 우리가 지금 힉스 보손이라 알고 있는 것을 예측한 것이다 (5장 참고). 훗날 키블은 보손의 질량이 어떻게 대칭성 깨짐symmetry breaking과 본질적으로 연결되는지 그리고 광자 같은 일부 보손이 어떻게 질량이 없는 상태로 유지될 수 있는지를 보여주었다.

대칭성 깨짐의 개념을 이해하기 위해 당신이 숲에 둘러싸여 완전히 원형으로 얼어붙은 호수에서 스케이트를 타고 있다고 상상해보자. 호수에서 스케이트를 타는 동안 당신은 동서남북 어디로든 원하는 방향으로 미끄러질 수 있다. 모든 방향이 동등하기 때문에 '대칭'이다. 당신이 호수 한가운데 서 있다면 완벽한 대칭점에 있는 것이고, 어느 방향으로 보아도 앞쪽으로는 호수가 보이고, 그 너머로는 숲이 보일 것이다. 이번에는 호수를 빙 둘러 아이스 트랙이 있다고 상상해보자. 이 트랙은 호수의 둘레를 따라가고는 있지만 바깥으로 봅슬레이를 타기에 좋을 경사로가 있다. 일단 이 트랙 위에 올라가면 원주를 따라 자유롭게 미끄러질 수는 있지만, 측면을 따라 경사로가 있어서 호수 중앙의 완벽한 대칭점에 도달하는 것은 고사하고, 경로를 바꿀 수도 없다. 이제는 대칭성이 자발적으로 깨졌다. 왼쪽을 보면 호수가 보이고, 오른쪽을 보면 숲이 보이며 이외에는 아무것도 보이지 않는다.

이 스케이트 비유가 입자물리학과 무슨 관련이 있을까? 우리 우주가 시작될 당시는 모든 입자가 아주 대칭적인 상태로 융합되어 있었다. 이 입자들은 어느 방향으로 움직여도 에너지가 전혀 들지 않았기 때문에 사실상 질량이 없는 상태였다. 하지만 우주가 식기 시작하면서 '얼음 패턴'이 진화했고, 현재에 와서는 호수를 둘러싸고 있는 경사로와 아주 비슷해졌다. 우리는 광자들이 그러는 것처럼 트랙의 방향을 따라 자유롭게 움직일 수 있지만, 측면 경사로를 따라 움직이려면 에너지/질량이 소비되기 때문에 움직이기가 훨씬 어렵다. W 보손과 Z 보손이 바로 이런 상황을 겪고 있다.

힉스 보손이 이렇게 봅슬레이 트랙처럼 경사로가 달린 트랙을 생성하는 역할을 하며, 이 과정에서 W 보손과 Z 보손에 질량을 부여하고 있다는 직접적인 증거가 있다. 이 과정에서 힉스 보손은 전자기약력의 대칭을 깨뜨렸고, 이에 따라 약력의 작용 범위가 제한되었다. 만약 힉스 보손이 존재하지 않았다면 W 보손과 Z 보손도 광자처럼 질량이 없었을 것이고, 약한 핵력도 더 이상 약하지 않으며, 그 힘의 작용 범위도 무한해졌을 것이다. 이것은 우리가 아는 모든 핵물리학을 붕괴시키는 재앙이 되었을 것이다. 태양에서 일어나는 수소 연소에도 영향을 미쳤을 것이고, 이 과정에서 태양계 전체에도 문제를 일으켰을 것이다. 우리는 힉스 보손에 감사해야 한다. 힉스 보손이 경사로로 작용하여 일종의 접착제 역할을 함으로써, W 보손과 Z 보손이 아주 멀리 혹은 아주 오랫동안 전파되는 것을 막고, 그 힘을 약하게 유지해주고 있기 때문이다.

만약 글라이트에 질량이 있다면 W 보손, Z 보손의 질량보다는 훨씬 가벼워야 한다. 아니면 중력이 이미 핵 수준에서 스위치가 꺼져버렸을 테니까 말이다. 하지만 중력이 충분히 가볍다면, 그 작용 범위가 지구 위든, 태양계, 은하, 심지어 은하단 안이든, 우리에게 익숙한 거리에서는 일반상대성이론과 본질적으로 동일하게 길어질 수 있다. 이런 척도 안에서는 모든 것이 대략 비슷하게 보일 것이다. 오직 수백억 광년 단위의 먼 거리에서, 우주 그 자체만큼 먼 거리에서만 이 질량의 효과가 작동해서 중력의 행동 방식이 바뀌게 된다. 진공에너지가 긴 시간에 걸쳐 먼 거리에 미치는 영향력은 중력의 약화를 통해 충분히 완화될 수 있다. 그럼 진공에너지의 크기가 실제로 입자물리학의 예측대로 크지만, 이것이 우주론적 척도에서 미치는 영향력이 충분히 완화되기 때문에 우리가 현재 관찰하고 있는 우주와 부합하게 된다.

이 감질나는 가능성이 사실로 밝혀진다면 입자물리학이 예상하는 내용을 중력과 조화시킬 수 있을 뿐 아니라, 새로운 형태의 암흑에너지가 우주를 채우고 있다고 가정하지 않아도 우주의 가속 팽창을 자연스럽게 설명할 수 있다. 최소한 이것이 우리가 많은 저명한 과학자들의 연구를 바탕으로 유질량 중력에 대한 연구를 시작하면서 처음에 구상한 개념이다. 유질량 중력의 현대적 형태는 우주 가속팽창의 발견으로 촉발된 일련의 전개 속에서 1999년에 등장했다. 적어도 약간이라도 질량이 있다는 것은 긍정적인 측면이다. 그렇게 되면 중력이 수십억 년의 여정을 이어오다가 마침내 긴장을 풀고 휴식을 취할 수 있으니까 말이다. 이것을 게을러졌다거나 조금 지친 것이라 표현할 수도 있겠지만 나는 이것을 재치라 부르고 싶다. 중력은 다양한 방식으로 우리를 괴롭혀왔고, 우리는 그 대칭성과 내적 아름다움에 매료되어왔지만, 어쩌면 이제 우리가 중력의 유머 감각을, 중력이 내내 자신의 내면에 품고 있던 농담을 받아들일 때가 된 것인지도 모른다.

유질량 중력이라는 유령

유질량 중력이라는 개념이 근래 들어 새로운 추진력을 얻은 것은 사실이지만 그 개념 자체는 거의 일반상대성이론만큼이나 오래되었다. 중력자와 긴밀한 관계가 있는 입자가 질량을 가질 수 있다는 생각은 볼프강 파울리로 거슬러 올라간다. 파울리는 1933년에 일반상대성이론에 따르면 전자의 진공에너지가 우주에 극적인 영향을 미칠 수밖에 없다고 예측했던 바로 그 오스트리아계 스위스 물리학자다.

1939년에 파울리 그리고 한때 그의 제자였던 마르쿠스 피에르츠Markus Fierz는 입자 스핀의 영향을 탐구하고 있었다. 여기서 말하

중력이라는 아름다움

는 스핀spin은 물체의 내부 회전을 의미한다. 예를 들어 지구는 태양 주위 궤도를 돌지만 자체적인 축을 중심으로도 회전하고 있다. 이 운동을 각운동량이라 부르는데, 스핀은 질량 중심이 정지해 있을 때도 물체가 갖고 있는 각운동량이다. 흥미롭게도 많은 기본입자가 양자화된 소량의 스핀을 갖고 있으며, 파울리 자신도 양자역학에 스핀이라는 개념을 도입하는 데 중요한 역할을 했다.

스핀의 개념은 때때로 입자의 (양자화된) 각운동량 혹은 입자가 자신을 중심으로 얼마나 빨리 돌아가는지와 관련해서 소개되기도 한다. 큰 각운동량에 대해서는 이런 설명이 옳지만, 우리에게 중요한 것은 스핀이 입자의 행동 방식을 기술하는 방법이다. 입자의 관성 질량이 우리가 그것을 움직이려 할 때 어떻게 반응하는지 결정하는 것처럼, 입자의 스핀 특성은 우리가 그것을 회전시켰을 때 반응하는 방식을 특징짓는다. 균일한 형태의 탁구공을 예로 들어보자. 이 탁구공을 자신을 축을 중심으로 회전시키면 어느 방향으로 돌리든 항상 똑같이 보일 것이다. 이처럼 입자가 어떤 시공간 회전에서도 동일하게 보인다면 이 입자는 '제로 스핀zero spin' 혹은 스핀-0을 가진다고 말한다. 이번에는 완전한 구형이지만 꼭대기에 꼭지가 달린 사과를 생각해보자. 이 사과를 뒤집으면 꼭지가 바닥쪽을 향하기 때문에 더 이상 똑같이 보이지 않을 것이다. 출발점에서 시작해서 꼭지가 다시 위로 올라오는 것을 보려면 이 사과를 완전히 360도 회전시켜야 한다. 양자물리학의 언어로는 이것을 스핀-1을 가진다고 말한다.* 힉스 보손은 (유질량) 스핀-0 입자의 예인 반면, 광자는 무질량 스핀-1 입자의 예다. 약한 핵력의 운반 입자인 W 보손과 Z 보손은 유질량 스핀-1 입자의 예다.

중력자는 스핀 값이 더 높은 입자다. 이것은 광자의 내부 각운동량의 2배인 스핀-2를 가진다. 그래서 이것은 절반, 즉 180도를 돌렸을 때 똑같이 보인다. 일반상대성이론에 따르면 중력자는 무질량 스핀-2 입자다. 3장에서 우리는 글라이트라 부르는, 무질량 스핀-2 파동이 두 가지 서로 다른 유형의 편광을 가질 수 있는 것을 보았다. 사실 편광은 단순히 스핀이 가리킬 수 있는 다양한 방향을 지칭하는 것이다.

피에르츠와 파울리는 임의의 스핀을 가진 입자를 어떻게 기술할 수 있을지 궁금해졌다. 스핀-0, 스핀-$\frac{1}{2}$, 스핀-1의 입자는 이미 잘 알려져 있었기 때문에 두 사람은 스핀-$\frac{3}{2}$과 스핀-2 입자에 주목해서 각각에 대해 관성 질량이 0인 경우와 0이 아닌 경우를 고려해보았다. 이들의 연구 정신은 일반상대성이론에 도전하거나 그 대안을 탐구하려는 것이 아니었다. 그저 자연과 그 속성을 기술하는 데 사용할 수 있는 모든 가능한 입자의 유형에 대해 일관된 분류법을 찾는 것이었다. 두 사람은 〈그림 6-1〉에서 보듯이 유질량 스핀-2

---

*   더 정확히 말하자면 사과나 입자는 그 특정 회전축을 따라 헬리시티-1helicity-1을 가지며, 다른 축을 따라 뒤집으면 여전히 헬리시티-0을 가질 수 있다. 하지만 사과나 입자가 한 방향을 따라 헬리시티-1을 가질 수 있고 그 이상의 값을 가질 수 없다는 것은 이 입자가 스핀-1 특성을 갖고 있음을 암시한다.

중력이라는 아름다움

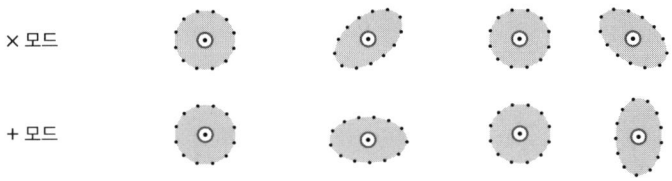

일반상대성이론에서 중력파는 두 가지 편광을 가진다.

× 모드

+ 모드

유질량 중력에서 중력파는 최대 네 가지 추가적인 편광을 가질 수 있다.

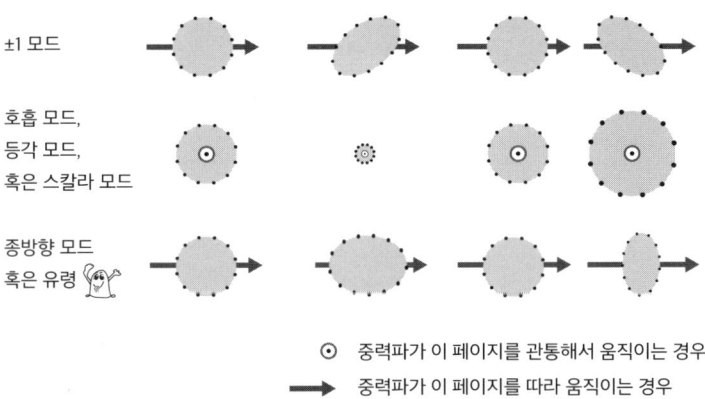

±1 모드

호흡 모드,
등각 모드,
혹은 스칼라 모드

종방향 모드
혹은 유령

⊙   중력파가 이 페이지를 관통해서 움직이는 경우

➡   중력파가 이 페이지를 따라 움직이는 경우

그림 6-1 I 유질량 중력파가 원칙적으로 운반할 수 있는 모든 가능한 편광들. 점은 원을 따라 처음에 배치한 별개의 구슬이라고 생각하자. 중력파가 관통해 지나가면서 구슬 사이의 시공간을 왜곡해 모양이 살짝 달라진 인상을 줄 것이다. 화살표는 중력파의 전파 방향을 나타낸다. ⊙ 기호는 중력파가 이 페이지를 뚫고 지나간다는 것을 의미한다. 참고로 이 파동은 그 효과를 이해할 수 있도록 비현실적으로 큰 진폭인 0.5 정도로 그려졌다.

출처: Claudia de Rham, "Massive Gravity," *Living Reviews in Relativity* 17, no. 1 (2014): 7.

파동이 최대 여섯 가지 서로 다른 편광을 가질 수 있음을 깨달았다. 이 그림에서 처음 두 가지 편광은 앞에서 이야기한 것으로, 일반상대성이론에서 존재하며 중력파 관측소에서 탐지된 바 있다. 피에르츠와 파울리는 나머지 네 가지 편광(2개의 ±1 모드, 호흡 모드,

종방향 모드)이 스핀-2 입자가 비소멸 관성 질량nonvanishing inertial mass 을 가질 때만 가능하다는 것을 알 수 있었다. 이 편광들은 대부분 중력자의 속도가 빨라지거나 늦어질 것을 요구하지만, 일반상대성이론에서처럼 질량이 없는 경우는 중력자가 빛의 속도로 전파되어야 하기 때문에 이 다른 네 가지 편광을 따라 이동할 자유가 없다. 하지만 중력이 일반상대성이론에서 벗어날 경우, 예를 들어 중력에 질량이 있는 경우라면 글라이트가 온갖 종류의 새로운 편광을 가질 수 있다.

자연이 아이스크림 가게라면 선택할 수 있는 맛이 많아질수록 만족과 즐거움이 커질 것이다. 다만 선택할 수 있는 다양한 맛 중에서 한 가지가 너무 역겨워서 어떻게든 피해야 한다면 사정이 달라진다. 이런 경우는 자기가 바라는 맛이 무엇인지 신중하게 판단해야 한다! 이것이 바로 유질량 스핀-2 맛을 선택할 때 일어나는 일이다. 자연의 아이스크림 가게에서 2개의 ±1 편광은 이국적이고 미묘한 새로운 맛으로 생각할 수 있다. 이 맛은 파동의 전파 방향 그리고 그에 직교하는 평면을 따라 거리에 영향을 미친다. 이러한 모드는 상대적으로 무해하고 감지하기가 어렵다. 유질량 스핀-2 파동에서 보이는 또 다른 모드는 3장에서 다룬 소위 호흡 모드(혹은 등각 모드)라는 것이다. 이 새로운 맛은 비상대성이론 아이스크림 가게에서는 흔하고, 여간해서는 놓치기 어렵다. 〈그림 6-1〉에서 점으로 나타낸 것처럼 원을 따라 구슬을 배치해놓으면, 새로운 글라이트 맛이 통과하는 동안 구슬들이 여전히 원의 형태를 이루고 있지만 그 안에 포함된 전체 면적이 진동할 것이다. 호흡 모드는 표준 편광보다 여전히 탐지가 어렵지만 유질량 중력의 여러 가지 흥미로운 고유 특징을 만들어낸다. 이 부분은 7장에서 알아보겠다. 이 흥미진진한 세부사항으로 들어가기 전에 반드시 언급해야 할 마지막 모드가 있다. 사실 이것은 우리가 두려워해야 할 대상이다! 바로 종방향 모드longitudinal mode 혹은 유질량 중력의 유령이다!

'유령ghost'이라는 용어가 마치 대충 쓴 SF 소설에서 뽑아온 것처럼 보일지도 모르겠다. 하지만 이것은 내가 의도한 바가 아니고, 내가 한 말도 아니며, 과학계에 인정받은 용어다. 물리학에서 유령이란 음의 에너지를 갖는 입자를 말한다. 이것은 시간과 공간의 구조와 양립할 수 없다. 그런데 문제는 우리가 실재 안에서 유령의 존재를 인정하기만 하면, 건강한 일반 입자가 무한한 음의 에너지 유령으로부터 필요한 만큼의 에너지를 그냥 빌려올 수 있다는 점이다. 이런 유혹을 누가 뿌리칠 수 있겠는가? 그럼 전자들이 더 이상 원자핵 주변에서 평화롭게 남아 있지 않아도 된다. 그 대신 유령 입자로부터 에너지를 빌려와 원하는 만큼 흥분할 수 있다. 모든 원자핵 속에 들어 있는 쿼크도 똑같은 일을 할 것이며, 이것은 물질의 구조를 파괴하게 된다. 당신이 알기도 전에 당신 몸속의 모든 입자, 태양계의 모든 입자, 우주를 연결하는 시공간의 모든 구조가 그 뒤를 따라 우리가 아는 모든 것을 파괴할 것이다. 나는 어린 시절에는 생존본능이 그리 강하지 않았고, 이것이 내가 과감한 모험

을 하는 데 도움을 주었을지도 모르지만, 유령 입자는 생각만 해도 무섭다.[*]

유령은 흥미로우면서도 무서운 존재다. 하지만 한마디로 말해, 이런 유령은 존재하지 않는다(적어도 잠자리에 들 때 나는 내 딸들에게 이렇게 말한다). 1939년 연구에서 피에르츠와 파울리는 유질량 스핀 입자의 방정식을 신중하게 구성해야 유령을 퇴치할 수 있음을 깨달았다. 이 유령 혹은 종방향 모드가 존재했다면, 파동이 살짝 속도를 높였다가 다시 낮추면서 파동의 주파수보다 더 빠르거나 더 느리게 진동했을 것이다.[19] 만약 글라이트에 질량이 없다면 이것은 진공에서 모든 좌표계에 대해 항상 정확히 초속 299,792,458미터로 움직인다. 따라서 이 종방향 모드의 패턴을 따라 속도를 높이거나 낮추기가 그냥 불가능해진다. 그 결과 아인슈타인은 특수상대성이론의 요구사항을 충족하는 무한 범위 중력이론을 구성함으로써 자기도 모르는 사이에 유령을 퇴치한 셈이다.

하지만 유질량 중력에서는 글라이트가 더 이상 빛의 속도로 움직일 필요가 없기 때문에 이 무시무시한 종방향 진동이 일어날 수 있다. 글라이트가 한 속도에서 또 다른 속도로 요동치는 동안에는

---

[*]   이런 유형의 유령 불안정성을 단순한 내리막 경사 불안정성downhill slope instability, 소위 타키온 불안정성tachyonic instability과 혼동하지 않기 바란다. 예를 들어 타키온 불안정성은 힉스 포텐셜 안에서 '얼음 구조'의 변화라는 상전이 동안에 일어난다. 유령과 비교하면 타키온 불안정성은 상대적으로 무해하고, 그저 상태나 진공의 변화를 나타낼 뿐이다. 반면 유령은 그 어떤 안정적인 진공도 존재하지 않는 것에 해당하며, 이것은 우리가 아는 모든 입자의 자발적 붕괴로 이어진다.

시간의 흐름이 심상치 않게 왜곡된다. 에너지 개념은 시간의 개념과 불가분의 관계로 연관되어 있기 때문에 이 종방향 파동이 가속과 감속을 반복하며 지속적으로 진동하는 것처럼 시간을 건드리기 시작하면 에너지도 건드리게 되고, 그럼 에너지가 음의 값이 될 수 있다. 이 종방향 편광이 더 많이 가속하거나 감속할수록 에너지는 점점 더 음의 값을 갖게 된다. 이때 유령이 나타나는 것이다.

　이런 말들이 모두 초자연적인 얘기로 들릴 수 있겠지만, 이런 유령에 대한 수학적 기술은 피에르츠와 파울리가 유질량 스핀-2 입자의 행동을 설명하면서 유령이 생기는 것을 피하려고 했던 80여 년 전부터 잘 알려져 있었다. 하지만 피에르츠와 파울리는 입자를 분류하려는 것이었지, 중력이론을 새로 내놓으려는 것이 아니었다. 이들의 스핀-2 장은 시공간의 구조를 통제하거나, 그 영향 아래 놓인 다른 것들에게 곡률이 어떻게 영향을 미치는지 규정하기 위한 것이 아니었다. 이 아이디어를 완전한 중력이론으로 발전시키려고 시도하면 우리는 꽤 큰 위험에 직면하게 된다. 이런 이론을 구축할 때 스핀-2 입자는 그냥 혼자 고립된 삶을 사는 것이 아니다. 오히려 이것은 시공간의 곡률 안에 숨어 우주의 다른 모든 것과 연결된 중력의 살아 있는 영혼이다. 이것이 의미하는 바는 스핀-2 입자가 스스로 자기 일관성을 유지해야 할 뿐 아니라 다른 입자들이 얼마나 흔들어대든, 시공간이 얼마나 휘고 꼬이든 상관없이 건강하게 유지되면서 이론을 구성하는 모든 단계에서 유령 입자의 등장을 막아야 한다는 것이다. 그리고 여기서 유질량 중력이라는 개념이 좌초되고 말았다. 과학자들이 이것을 불가능한 과제라 여겼다. 과학자들이 그런 이론의 구축을 시도해보지 않은 것은 아니다. 오히려 모든 시도가 실패로 돌아간 듯 보였을 뿐이다. 이 실패에 낙심해서 1970년대에 현대 중력이론의 창시자들 중 일부가 유령을 깨우지 않고는 유질량 중력의 존재가 불가능함을 확실하게 입증했다고 주장하는 일련의 불가능성 정리no-go theorem를 발표했다. 그리고 2000년대 중반이 될 때까지 이 불가능성은 거듭해서 증명되었다.

내가 박사학위 과정을 시작할 무렵에는 이런 결과가 중력에 대한 인식에 워낙 강하게 뿌리박혀 있었기 때문에 나는 거기에 의문을 제기할 생각을 해본 적도 없었다. 워낙 잘 정립된 결론이라 뒤집을 생각도 하지 않은 것이다. 결국 그 어떤 합리적인 질문에도 그 해답을 알 리가 없는 '여성' 물리학자인 내가 가능성도 없는 문제에 뛰어들어 물리학계에서 제 명을 단축할 필요는 없었으니까 말이다. 이 우상파괴적인 개념을 향한 나의 여정은 공간의 추가 차원, 때로는 꽤 큰 추가 차원에 대한 개념을 연구하면서 시작됐다.

추가 차원에서 유질량 중력자로

승강장에서 기차를 기다린다면 기차가 왼쪽 아니면 오른쪽에서 올 수밖에 없다는 것을 안다. 다른 선택지는 없다. 기차는 자신의 선로에 갇혀 1차원 세계에서 살아간다. 하지만 배를 타고 있고, 바람을 이용할 줄 안다면 훨씬 자유로워진다. 전후좌우로 모두 움직일 수 있다. 배는 2차원 세계에서 산다. 하늘을 날면 고도라는 또 하나의 차원이 열린다. 비행기는 3차원 공간에 산다. 내가 우주로 나가는 것보다 훨씬 더 하고 싶은 일이 한 가지 있다면 바로 또 다른 차원으로 여행을 가는 것이다. 그중에서도 제일 먼저 하고 싶은 것은 물론 네 번째 차원인 시간을 따라 앞뒤로 떠나는 여행이다. 슬프게도 이것은 불가능한 일이다. 그러니 이번만큼은 좀 더 현실적으로, 추가적인 공간 차원을 따라 여행할 수 있기를 바라본다.

공간에 추가적인 차원이 존재할 가능성은 단순히 SF의 영역에 국한된 얘기가 아니다. 이 개념은 20세기 초에 처음 등장했다가 끈이론string theory과 초중력이론supergravity theory에서 등장한 중요한 돌파구에 힘입어 1980년대 말, 1990년대, 2000년대 전반에 다시 수면으로 떠올랐다. 이런 초대칭이론supersymmetric theory은 플랑크 에너지 척도 너머에서도 유효한 대통일이론grand unified theory, 즉 우리가 현재 중력의 고에너지 완성high-energy completion of gravity이라 부르는 개념을 찾는 과정에서 발전했다. 가장 야심 찬 접근법인 끈이론은 중력자를 시간과 공간을 구성하는 기본 끈fundamental string의 양자적 진동으로 설명하려 했다. 사실상 끈이론의 끈은 시간과 공간의 구조라는 천을 짜는 실이다. 1980년대 마이클 그린Michael Green과 존 슈워츠John Schwarz의 선구적인 연구 이후로 초기에 몇 가지 유형의 끈이론이 개발되었고, 각각의 이론은 양자 수준에서 중력을 설명할 가능성을 보여주었다. 낮은 에너지에서는 각각의 끈이론이 일반상대성이론의 특별한 확장판인 초중력과 구별되지 않았다. 초중력에서는 일반상대성이론의 무질량 스핀-2 중력자에 스핀-$\frac{3}{2}$의 페르미온 파트너인 중력미자gravitino가 추가됐다. 흥미롭게도 이들 모두 독특한 특성을 공유했다. 모순 없는 일관성을 유지하기 위해서는 이 다양한 끈이론이 모두 우리가 일상에서 경험하는 3차원을 뛰어넘는 추가적인 공간 차원의 존재를 필요로 했다. 이 문제에서는 다른 선택지가 없어 보였다!

추가적인 공간 차원이라는 개념은 아인슈타인이 최종 버전의 일반상대성이론을 발표한 지 불과 4년이 지난 후인 1919년에 테오도어 칼루차Theodor Kaluza가 처음 제안했다. 이것은 중력의 힘을 전자기력과 통합하려는 야심 차고 다소 아름답기까지 한 시도였다. 이후에는 오스카르 클레인Oskar Klein의 연구를 따라 이 추가적인 차원들은 보통 아주 작고 조밀한 다발 형태로 말려 있는 것으로 여겨졌다. 너무 작다 보니 우리가 그 존재를 인식할 수 없다는 것이었다. 1980년대의 초끈이론 학자와 초중력이론 학자 들은 비슷한 칼루차-클라인 메커니즘을 이용해서 우리가 실종된 추가 차원들을 아직 보지 못한 이유를 설명하려 했고, 이것은 대략 15년 동안 표준적인 설명으로 자리 잡았다.

내가 박사학위 과정을 시작할 때 훨씬 더 흥미진진하고 검증도 할 수 있는 새로운 가능성이 등장했다. 칼루차와 클라인이 제한한 방식으로 말려 있는 이런 작고 조밀한 추가 차원에 더해서 적어도

중력이라는 아름다움

하나의 '큰' 추가 차원이 있을 수 있다는 것이었다. 이 개념은 최근에 에드워드 위튼Edward Witten이 제안한 M-이론M-theory이라는 새로운 대통일이론의 등장에서 영감을 받았다. 이 이론이 지금까지 발견된 다양한 유형의 끈이론을 통합하고 조화롭게 연결해줄 가능성이 있다(여기서 사용한 'M'은 그냥 임시로 자리를 채우려고 사용한 기호라서 'mother', 'magic', 'mystery', 'membrane' 등을 의미할 수도 있고, 완전히 다른 무언가를 의미할 수도 있다). 초끈이론이 9개의 공간 차원(10개의 시공간 차원)을 요구하는 반면, M-이론은 시공간이 11차원으로 이루어져 있다고 제안한다. 이것은 초중력이론에서 허용하는 최대의 차원 수다. 적어도 하나의 큰 차원이 존재할 가능성이 많은 물리학자의 관심을 끌었다.

이 아이디어들은 막강한 영향을 미쳤고, 오늘날에도 계속 연구가 이루어지고 있는 이론들이 대부분 이 아이디어에 의해 촉발됐다. 예를 들면 후안 말다세나Juan Maldacena가 개발한 강력한 개념인 홀로그래피holography는 중력이론을 더 낮은 차원에 사는 비중력이론과 연결한다. 큰 추가 차원이 이른바 계층 문제hierarchy problem에 대한 잠재적 해법으로 제안되기도 했다. 이것은 중력이 나머지 다른 기본 힘보다 훨씬 약해 보이는 이유에 대해 다룬다. 이 모델에서는 우리 우주 전체가 큰 추가 차원에 포함되는 브레인brane(막 혹은 표면)에 갇혀 있다고 가정한다. 빛을 포함한 모든 것이 기차가 선로에 갇혀 있듯이 이 표면에 갇혀 있다. 하지만 중력 자체는 추가 차원을 따라 자유롭게 새어나갈 수 있으며, 중력이 다르게 행동하는 이유를 이것으로 설명할 수 있다. 가장 흥미로운 제안 중 하나는 우주의 역사를 통해 목격하는 우주의 진화가 이 브레인이 추가 차원을 따라 움직인 결과일 수 있다는 개념이었다.

박사학위 과정을 밟는 동안 나는 운 좋게도 닐 투록Neil Turok, 앤 데이비스Anne Davis와 함께 이러한 아이디어를 구체적으로 실현하는 것에 관해 연구할 기회를 잡았고, 이후에는 맥길대학교에서 로버트 브란덴버거Robert Brandenberger의 연구에 합류했다. 이 세 사람은 우주의 기원 그리고 우리 눈에 3차원의 공간만 관찰되는 이유에 대해 가장 독창적이고 영감이 넘치는 아이디어를 갖고 있었다. 당시 나는 맥마스터대학교와 페리미터 이론물리학연구소에 다른 두 명의 놀라운 물리학자인 저스틴 쿠리Justin Khoury와 클리프 버제스Cliff Burgess에게 고용되어 있었다. 이들은 내게 지금 내가 중력에 대해 알고 있는 중요한 것을 거의 모두 가르쳐주었고, 그것을 장이론의 틀 안에 끼워 넣는 방법도 가르쳐주었다. 이 부분에서 우리는 슬프게도 2021년에 세상을 떠난 노벨상 수상자 스티븐 와인버그의 사고방식에 크게 영향을 받았다. 클리프와 그 동료들이 개척한 '초대칭 큰 추가 차원supersymmetric large extra dimensions(SLED)'의 모델에서 저스틴과 그 동료들이 이끈 '중력 감쇠degravitation' 모델에 이르기까지 이 시기는 과학계가 우주를 이해하기 위해 중력의 모든 가능한 측면과 입자 수준에서의 상호 연관성을 탐험하는 데 두려움이 없었던 아주 흥미진진하고 재미있는 시간이었다. 힉스의 발견 이전에 우리는 심지어 계층 문제를 해결할 수 있으리라는 바람을 가지고 힉

　　　　　　　　　　　중력이라는 아름다움

스가 추가 차원에서 특별한 위치를 차지할 수 있는 모델을 제안하기도 했다.

이 격동의 시기는 내가 우주비행사의 꿈을 접었던 시기와 맞물려 있다. 꿈에서 깨어난 이상, 이제 연구자로서의 길을 온전히 받아들여야 할 때였다. 그것을 해내려면 내 독립적인 연구 능력을 더욱 키우고 증명해 보여야 한다는 것을 나도 알고 있었기 때문에 나는 클리프와 그 공동 연구자들이 개발한 SLED의 혁신으로부터 배운 교훈을 염두에 두면서, 기존에 저스틴이 제안했던 중력 감쇠의 특성을 일부 구현하려고 만들어낸 새로운 추가 차원 모델에 대해 연구하기로 마음먹었다. 이 프로젝트에 대해 6개월 정도 연구한 후에 나는 2009년에 제네바 CERN에서 열리고 있던, 우리 분야에서 제일 큰 학회 중 하나인 국제입자물리학·우주론학회International Conference on Particle Physics and Cosmology(COSMO)에서 아직 공개하지 않은 내 연구 결과를 발표할 기회를 얻었다. 내 연구를 발표할 수 있어서 좋기도 했지만 학회에 참여한 다른 강연자의 발표도 기대됐다. 그중에는 내 파트너 앤드루 톨리Andrew Tolley와 뉴욕대학교의 그레고리 가바다제Gregory Gabadadze도 있었다. 두 사람 모두 학회 마지막 날에 연달아 기조 발표를 할 예정이었다.(그림 〈6-2〉)

강연 전날 저녁 나는 이튿날 어떤 발표가 예정되어 있는지 확인하려고 프로그램을 살펴보았다. 처음 나온 프로그램에서는 그레고리의 강연이 '추후 공지 예정'으로 표시되어 있었는데, 강연이 방금 전 업데이트되어 있었다. 그리고 나는 깜짝 놀랐다. 강연 주제

그림 6-2 | 그레고리 가바다제(위)와 앤드루 톨리(아래). 이 두 사람과 내가 우리의 유질량 중력이론을 개발했다.

출처: Simons Foundation (photo of Gregory Gabadadze).

중력이라는 아름다움

가 이상하리만큼 낯익었다. 그가 할 발표에 대해 어떤 단서를 찾을 수 있을까 싶어 앤드루와 나는 과학 논문들을 올려놓는 아카이브 사이트로 달려가서 뒤져보았다. 그리고 심장이 멈추는 것 같았다. 우리는 그가 가장 최근에 연구해서 아카이브에 올린 연구가 내가 지난 7개월 동안 연구해온 것과 동일한 모델을 제안하고 있음을 깨달았다. 그리고 그가 이미 훨씬 깊고 명확하게 모델을 발전시켜 놓은 상태였다. 완전히 선수를 뺏기고 만 것이다!

처음 느껴보는 감정은 아니었다. 학계에서 선수를 뺏기는 경험은 흔하다. 그런 일이 일어났을 경우에는 보통 자존심을 삼키고 다음에는 더 빨리, 더 나은 연구를 하는 것 말고는 다른 방법이 없다. 사실 한 번은 불과 몇 시간 차이로 선수를 뺏긴 적도 있었다. 학회에 참가하기 위해 비행기를 기다리던 제네바 공항에서 와이파이 연결 때문에 논문 업로드 시간이 지체되지만 않았더라면 그 몇 시간이 몇 초가 될 수도 있었다. 그 몇 시간이 결국에는 우리의 연구 결과가 얼마나 많은 주목과 검토를 받을지 결정하는 중요한 차이를 낳을 수도 있다. 하지만 이번에도 역시 낙하의 아름다움은 낙하 그 자체가 아니라, 어떻게 다시 일어서는가에 있다.

이 경우는 그레고리가 먼저 명확하게 결과를 뽑아냈다. 그에게 과학적 우선권이 있었으니 그로서는 내 연구를 쉽게 무시할 수 있었다. 하지만 그를 아는 사람이라면 잘 알겠지만, 그레고리는 일반적으로 생각하는 그런 과학자가 아니다. 그는 내 연구를 그저 자기 연구의 메아리 정도로 무시하지 않고(모르고 있었지만 사실 메아리가 맞았다) 정반대 접근방식을 취했다. 불과 몇 시간 만에 그는 나를 협동 연구에 초대했고, 결과적으로 그것은 내 연구 인생에서 가장 성공적인 공동 연구가 됐다.

앞에서 말했듯이 나는 복잡한 계산을 하다가 중간에서 멈출 때가 있다. 남은 하루를 기분 좋게 보내면서 생각지 않았던 문제가 등장해 밤새 나를 괴롭힐 가능성을 피하기 위해서다. 하지만 그레고리의 접근방식은 달랐다. 그리고 오래지 않아 그것이 올바른 태도임이 밝혀졌다. 일단 공동 연구가 시작되자 빈둥거릴 시간이 없었다. 뉴욕대학교에 찾아간 뒤로 칠판 앞을 떠날 시간이 없었다. 그 칠판 위에 우리는 모든 생각과 아이디어, 계산, 도표를 쏟아냈다. 그리고 마침내 결과에 도달해서 그 후로 나아가야 할 방향이 보이더라도 자축하거나 일을 나중으로 미루지 않았다. 우리는 바로 해답을 알아야 했고, 내가 집으로 돌아가는 비행기를 타러 가야 할 마지막 순간까지 매일 밤낮 쉬지 않고 연구를 이어갔다. 우리는 그런 방식으로 진전을 이루어나갔다. 뉴욕대학교 방문이 끝날 즈음, 우리는 적어도 우리가 검토해볼 수 있는 수준에서는 기대한 모든 특징을 갖춘 추가 차원의 중력 모델을 처음으로 개발했다.

유질량 중력은 여전히 불가능성 정리에 겹겹이 파묻혀 있었다. 이 불가능성 정리들은 한편에서는 중력 연구의 최고 권위자들, 다른 한편에서는 양자장론quantum field theory의 거장들로부터 지지를 받고 있었다. 이들은 모두 중력자가 질량을 가질 수 없다고 주장했다. 사실 나 역시 이 정리를 완전히 확신하고 있었다. 그래서 비슷

중력이라는 아름다움

한 시기에 교수직 면접을 볼 때도 나는 잘 확립된 불가능성 정리를 강조하는 데 주력했다. 유질량 중력의 순수한 4차원 이론은 유령 없이는 존재할 수 없으며, 따라서 추가 차원을 포함하는 대안이 최고의 희망이라는 것이었다. 이것이 얼마나 틀린 얘기인지 당시 나는 전혀 알지 못했다.

이렇게 대학 캠퍼스들을 방문하던 차에 이틀간 물리학과 교수진과 집중적인 면접과 토론이 이어진 자리가 있었다. 거기서 나는 무언가가 잘못되었다는 느낌을 받기 시작했다. 그날 밤 내가 머물던 숙소로 돌아왔을 때는 오랫동안 내 머릿속을 맴돌던 생각 때문에 내 연구의 일부 측면에 아주 불편한 느낌이 들기 시작했다. 처음에는 그것이 무엇인지 분명하게 짚어낼 수 없었고, 몇 주 동안은 내가 분명 무언가 실수를 한 것이라 확신했다. 나는 필사적으로 내 계산을 다시 검토해보았지만 매번 동일한 결과가 나왔다. 어쩐 일인지 그레고리와 내가 만든 모델이 유질량 중력을 금지하는 수많은 불가능성 정리를 피해가고 있는 듯했다. 우리 모델도 어떤 식으로든 추가 차원을 활용하고 있었지만, 여전히 완전한 4차원적 해석이 가능했다. 그렇다면 여기에도 불가능성 정리가 적용되는 것이 마땅했다. 유질량 중력이론에서는 반드시 유령처럼 나타나 괴롭히는 여섯 번째 모드가 머리를 내밀었어야 했는데 우리가 지금까지 수행한 계산에서는 한 번도 나온 적이 없었다.[20,21]

맹인과 코끼리

배움에 뜻이 깊은
여섯 명의 인도 사람이
코끼리를 보러갔네
(하지만 이들 모두 맹인이었지)
각자 직접 관찰하여
마음속의 궁금증을 풀려 하였다네

존 고드프리 색스John Godfrey Saxe, 1872(불교 경전 《열반경涅槃經》에 실린 우화를 각색한 것).

존 고드프리 색스의 시 〈여섯 명의 맹인과 코끼리〉는 여섯 명의 맹인 관찰자에 대한 고대 인도 우화를 다시 풀어낸 작품이다. 이들은 코끼리를 손으로 만지면서 코끼리가 어떻게 생겼는지 배우고 상상한다. 이 우화는 2500년 전으로 거슬러 올라가는 이야기로, 과학적 탐구의 과정을 놀라울 정도로 지혜롭게 비유하고 있다. 유질량 중력이론에 존재하는 편광을 탐구하는 과정 역시 수수께끼의 야수를 탐구하는 것과 비슷하다. 중력이론에서 만들어지는 다양한 유형의 글라이트 편광이 문을 노크하고 들어와 예의 바르게 이름과 직함을 밝히며 자신을 소개하는 일은 없다. 그보다는 반드시 당신이 그 야수를 간지럽혀 보아야 한다. 충분히 부드럽게 제대로 해내기만 하면 그 야수가 기꺼이 다리 하나쯤은 보여줄지도 모른다.

이 세상을 관찰하는 맹인 관찰자로서 우리의 임무는 그 다리를 분석해서 그것이 무엇인지 밝히는 것이다. 이것이 혹시 대부분의 포유류가 갖고 있는 뒷다리일까? 일반상대성이론에 이미 존재하는 + 모드 및 × 모드와 유사하게 말이다. 아니면 코끼리를 캥거루 같은 동물과 구분해주는 앞다리 중 하나일까? ±1 모드의 존재가 중력이론을 그와 비슷한 이론과 구분해주는 것처럼 말이다. 혹시 꼬리는 아닐까? 일반상대성이론에는 없지만 여러 중력이론은 공유하고 있는 호흡 모드일 수도 있다. 아니면 코끼리의 가장 큰 특징인 코일 수도 있다. 우리의 경우라면 이것이 그 악명 높은 유령일지도 모른다.

어둠 속에서 다리, 꼬리, 코 등의 부속지를 알아보기는 힘들다. 보통 제일 좋은 방법은 야수를 간지럽힌 뒤 흔들거나 꿈틀거리는 부속지가 몇 개나 되는지 세어보는 것이다. 과학자들은 지난 80년 동안 유질량 중력을 조사하면서 일관되게 4개의 다리와 꼬리, 코, 즉 앞서 설명한 여섯 가지 편광 모드를 확인했다. 그런데 우리가 고안한 모델은 5개의 모드만 갖고 있는 것으로 보였다. 여기에는 유령이 포함되어 있지 않았다. 어떻게 이럴 수 있을까? 우리 코끼리는 코가 어디로 갔을까?

그때 문득 이런 생각이 들었다. 만약 여섯 가지 모드가 모두 존재하기는 하지만 독립적으로 움직일 수 없다면? 보통의 코끼리라면 꼬리를 흔드는 동안 코는 움직이지 않을 수 있고, 땅콩을 잡으려 코를 뻗는 동안 꼬리는 얌전히 놔둘 수 있다. 하지만 야수의 코가 꼬리와 묶여 있거나, 다리와 붙어 있어 스스로는 움직일 수 없다고 상상해보자. 이런 경우라면 독립적인 부속지로 쳐줄 수 없다. 우리 모델에서도 이런 일이 일어나고 있었다. 이것은 오랫동안 과학계 전체를 교묘히 피해 다니던 것이다. 유질량 중력이 적어도 손으로 만져보았을 때는 6개의 부속지를 가진 것처럼 보일 수 있지만, 그것들이 모두 마음대로 움직여지는 것은 아니다. 그중 하나는 갇혀 있거나, 제한을 받아 자유롭게 움직이지 못할 수도 있다. 만약 유령이 항상 다른 부속지와 붙어 다녀서 자유롭게 움직일 수 없다면 그 유령이 우릴 놀라게 할 일은 없을 것이다. 그 자체로는 독립적인 편광 모드로 존재하지 않기 때문이다.

더 놀라운 점은 유질량 중력에서 반드시 유령이 등장할 수밖에 없다는 증명이 하나만이 아니었다는 점이다. 적어도 네 가지 서로 다른 유형의 논증이 존재했으며, 그 각각의 증명 모두 유령 없는 유질량 중력이론이 존재할 수 없음을 독립적으로 입증해 보이는 듯했다. 하지만 이 유령을 제한하는 것이 얼마나 간단한 일인지 깨닫고 나자 다른 불가능성 정리를 복잡한 심층까지 파헤쳐보아야겠다는 생각이 들었다. 그 과정에서 우리는 이런 논증 중 상당수가 제대로 구체화되지 않았거나, 사람들이 생각했던 것처럼 독립적이지 않다는 것을 알게 됐다. 각각의 논증은 다양한 모드를 어떻게 제한할 수 있는지는 무시하고 비슷한 유형의 셈에 의존하고 있었다. 놀랍게도 일부 논증에는 오류가 있었다. 물론 미묘한 오류였다. 각각의 오류만 놓고 보면 별 차이가 없을 수 있었지만, 이런 오류들이 쌓이고 쌓이면서 결론을 완전히 바꾸어놓았다. 그렇게 우리는 벽을 하나씩 하나씩 허물어가며, 모순 없이 일관된 유질량 중력이론의 구축을 가로막고 있던 거대한 장벽을 무너뜨릴 수 있었다.

처음에는 도저히 넘을 수 없을 것처럼 보였던 논증을 무너뜨리고 유질량 중력의 유령을 피하기 위해 따라야 할 규칙도 찾아냈으니 이제는 그냥 야수가 4개의 다리와 1개의 꼬리를 갖고 있고, 코는 없거나 적어도 자유로이 움직일 수 없는 형태로 온전히 모습을 드러내게 만들 방법만 증명하면 됐다. 당시 나는 제네바대학교에 기간제 조교수로 막 부임한 상태였고, 앤드루는 여전히 캐나다의 페리미터 이론물리학연구실에 있었다. 앤드루가 제네바에 오면 내 연구실의 문은 언제든 열려 있었지만, 그는 항상 시내 중심에 있는 한 빵집에서 일하는 것이 더 좋은 듯했다. 어쩌면 그곳의 유명한 라므킨 오 프로마주ramequin au fromage(치즈를 넣어 구운 작은 타르트)와 델리스 오 뵈르delices aux beurres(버터 페이스트리)가 내 사무실이 넘볼 수 없는 더 강력한 유혹이었는지도 모르겠다. 그래서 나는 어느 날 오후 걸어서 집으로 돌아가다가 그곳에서 그를 발견했다. 나는 그의 탁자에 자리를 잡고 앉았고, 우리는 그레고리와 내가 연구하고 있는 유질량 중력이라는 야수에 대한 이야기를 시작했다.

사람들은 보통 앤드루와 내가 비슷한 주제를 연구하고, 여러 편의 논문을 함께 썼다는 소리를 들으면 어리둥절한 표정을 짓는다.

공교롭게도 우리의 관계가 시작되고 처음 몇 년 동안 우리는 물리학 이야기를 거의 하지 않았다. 하지만 시간이 지나면서 우리의 기쁨과 흥분, 성공과 좌절을 함께 나누고 싶은 욕망을 참기가 점점 어려워졌다. 특히 둘 중 한 사람이 무언가 특별하고 마법 같은 발견이 눈앞에 와 있는데도 감질나게 그것을 손에 넣지 못하고 있는 순간에는 더욱 그랬다. 그럴 때 앤드루의 놀라운 통찰이 몇 초 만에 내 관점을 완전히 바꾸어놓는 경우가 종종 있었다. 하지만 공적인 관계와 사적인 관계를 뒤섞는 것이 결코 단순한 문제는 아니다. 이것을 잘 해내기까지는 몇 년이 걸렸고, 지금도 끊임없이 선을 넘지 않기 위해 신경을 써야 한다. 하지만 이것이 과학적 주제에 대해 브레인스토밍을 할 때는 종종 도움이 되었다. 보통 동료 연구자들과는 뜨거운 토론을 벌이더라도 질문하고 반박할 때 어느 정도의 공손함과 예의를 잃지는 않는다. 하지만 파트너와 연구에 대한 이야기를 할 때는 분위기가 달라진다. 이야기가 적대적으로 흘러가는 것은 아니지만 모든 방어막이 사라진다. 자신이 모르는 것을 예의라는 허울로 감출 수도 없고, 모호한 대답을 얼버무리려 해도 당장 압박이 들어온다. 그저 정답에 도달해서 자연이 허락한 가능성을 발견하는 것만이 중요할 뿐이다.

빵집에서 앤드루와 몇 분 얘기를 나누던 중에 유질량 중력 이론을 온전히 구축할 첫 번째 실마리가 분명해졌다. 사실 이 힌트는 그레고리와 내가 개발해온 모델 속에 내내 자리 잡고 있었다. 유질량 중력의 합리적 이론을 세우기 위해 우리가 해야 할 일은 올바른 변수를 사용해서 그 상호작용을 구축하는 것뿐이었다. 물리학에서는 처음에는 길고 복잡해 보였던 논증이 올바른 도구를 사용하면 시시할 정도로 간단해지는 경우가 드물지 않다. 아인슈타인의 이론에서 시공간의 기하학을 설명하기 위해 사용하는 주요 객체를 계량metric이라고 한다. 계량은 주어진 지점에서 시간과 공간 속 거리를 어떻게 측정하는지 말해주는 10개의 숫자로 구성된다. 우리가 시간과 공간 속에서 움직이면 이 10개의 숫자가 변하며, 이는 시공간이 어떻게 다양한 방식으로 확장하고 수축하는지를 인코딩하여 시공간 자체의 곡률을 설명한다. 유질량 중력에서도 시공간은 이와 똑같이 10개의 요소로 이루어진 계량으로 기술되지만, 우리 모델에 유령이 나타나지 않게 하기 위해서는 특별한 벽돌을 사용해야 한다. 이 벽돌은 끔찍할 정도로 복잡해 보였고, 우리는 그것들을 조합하기 위해 알아야 할 기본적인 구조를 파악할 수 없었다.

대신 일반상대성이론이 고차원에서 작동하는 방식에서 영감을 받은 우리는 새로운 유형의 벽돌을 사용할 수 있겠다는 확신을 얻었다. 외재 곡률extrinsic curvature로 알려진 객체와 동일한 역할을 하는 벽돌이다. 외재 곡률은 다른 면에서는 평평한 공간에서 표면이 어떻게 휘어지거나 변형되는지를 기술하는데, 계량과 마찬가지로 10개의 요소로 이루어져 있다. 그레고리와 내가 CERN에서 개발하고 논의한 고차원 모델에서는 중력자 질량이 외재 곡률로부터 비롯됐다. 저차원에서는 유령을 피할 수 있는 것으로 보였지만,

그즈음 우리는 이것이 최종적인 해답이 아니라는 것을 알고 있었다. 그럼에도 우리는 외재 곡률의 올바른 유사체를 찾아내면 그때까지도 예언되고 있던 병적인 유령으로부터 자유로운 4차원의 유질량 중력에 관한 이론을 만드는 것이 가능하리라 점점 확신하게 됐다.

며칠 후 앤드루는 제네바에서 체육관으로 가던 길에(분명 그 빵집에서 먹은 빵을 소화시키러 가는 길이었을 것이다) 얼핏 특이해 보이는 새 벽돌을 이용해서 상호작용을 구축하면 그레고리와 내가 분명 진실이라 알고 있던 그 속성들이 저절로 흘러나온다는 사실을 깨달았다. 이 벽돌은 계량의 제곱근 함수의 형태를 띠고 있으며 어느 제안 안에서는 외재 곡률과 닮은 것이었다. 그는 자신의 통찰을 내게 말해주기 위해 자전거를 타고 기차역으로 달렸다. 나는 파리로 가는 기차를 타기 직전이었다. 파리에서 열리는 세미나에서 강연을 하기로 초대받은 터였다. 나는 파리에서 공부하던 시절부터 이 3시간짜리 기차 여행에 익숙했었지만, 그날만큼은 그 제곱근 벽돌의 효과를 미친 듯이 계산하느라 눈 깜짝할 사이에 3시간이 흘러갔다. 나는 리옹 역에 도착하자마자 바로 앤드루에게 전화를 걸었다. 모든 것이 맞았다. 우리는 답을 찾았다.[22]

이 제곱근 구조에서 우리는 외재 곡률의 완벽한 유사체를 찾아냈고, 모든 것이 시계 톱니바퀴처럼 착착 맞아떨어졌다. 우리는 최대한 서둘러 그레고리와 대화를 했고, 내 평생 처음으로 모든 퍼즐 조각이 믿을 수 없을 만큼 손쉽게 제자리를 찾아 들어갔다. 일주일

중력이라는 아름다움

후에 나는 수천 개의 항을 포함하는, 섭동에서 20차 항까지의 기여를 포함하는 계산을 손에 넣었다. 올바른 구조를 적용하기만 하면 이것이 유령의 등장을 영원히 기적적으로 막아줄 것이었다. 60년 동안 황야를 방황한 끝에 유질량 중력이 그 영광스러운 위용을 드러냈다. 그레고리의 계산과 나의 계산을 앤드루의 제곱근 구조와 결합함으로써 우리는 유질량 중력을 부정하던 불가능성 정리가 왜 틀렸는지 알 수 있었을 뿐 아니라, 전체 이론을 온전하게 살려내는 법도 알게 됐다.

우주를 설명하는 새로운 방정식

우리 이론이 어떻게 생겼고, 어떤 냄새가 나고, 어떤 촉감이 느껴지는지 설명하려면 대체 어떻게 비유하고 비교해야 할지 감을 잡지 못하겠다. 코끼리를 간지럽히는 아이디어도 어느 선까지만 효과가 있으니 이제는 일반상대성이론과 유질량 중력의 수학적 표현에 기댈 때가 됐다.

지금까지 반복적으로 등장한 방정식은 아인슈타인의 그 유명한 $E=mc^2$이었다. 이 방정식은 특수상대성이론에서 나온 것으로, 관성 질량과 에너지를 연결하는 방법을 알려준다. 반면 아인슈타인의 일반상대성이론은 시공간의 그물 안에 살고 있는 모든 것의 곡률이 에너지 밀도 및 압력과 어떻게 관련되는지 설명한다. 요즘에

그림 6-3 | 아인슈타인의 일반상대성이론 방정식을 그린 그래피티.
출처: bbuong (iStock)의 사진.

는 아인슈타인의 일반상대성이론 방정식이 너무 유행하다 보니 심지어 볼리비아의 낡고 녹슨 기차를 장식하는 멋진 그래피티 예술로도 등장했다.

이 방정식은 수많은 그리스 문자로 공간과 시간의 다양한 방향을 포착하고 있는 복잡한 방정식처럼 보이지만 사실상 이것은 아주 단순한 이야기를 전하고 있다. 우주에 있는 모든 것의 에너지 밀도(T)가 시공간의 곡률(R)에 영향을 미친다는 것이다. 만약 입자물리학의 양자 진공에너지가 큰 에너지 밀도를 담고 있다면 T가 커질 것이고, 이것은 직접 큰 곡률로 이어진다. 그리고 이것이 다시 우주 팽창을 크게 가속한다. 일반상대성이론에 따르면 우리의

그림 6-4 | 우리의 유질량 중력이론. 우리는 이것을 '유령 없는ghost-free' 이론이라고 부르고 싶지만 과학계에서는 나와 그레고리 가바다세, 앤드루 톨리가 함께 진행한 연구라는 의미에서 dRGT라고 부른다. 유질량 중력이론과 일반상대성이론의 핵심적인 차이는 중력자의 관성 질량이다. 이것은 오른쪽 위 구석에 'm'이라는 글자로 표시되어 있다. 여기서 가장 복잡한 부분은 유령을 쫓아낼 적절한 질량 함수 'U'를 찾는 것이다. 바로 이 부분을 내 딸들이 칠판에서 열심히 유도하고 있다.

시공간은 너무 크게 휘어 있어서 관측 가능한 우주의 크기가 1센티미터도 되지 않아야 한다. 〈그림 6-3〉에서 보이는 나머지 기호들은 앞에서 이미 소개한 상수들이다. 글자 'G'는 뉴턴의 중력상수이고, 'c'는 진공에서 빛의 속도이다. 이 두 가지 모두 질량이나 에너지가 자신이 있는 국소적 시공간의 곡률에 얼마나 영향을 미치는지 결정하는 데 중요한 역할을 한다. 이 모든 양이 플랑크 에너지 척도 M_{Pl}과 연결되어 있다.

나는 아직 볼리비아의 기차에 그래피티를 그릴 기회가 없었기 때문에 우리의 유질량 중력이론을 표현할 최고의 비유는 나의 네 살배기 딸이 몇 년 전에 그린 그림이 아닐까 싶다. 이것은 〈그림 6-4〉에 나와 있다(안타깝게도 두 살배기 딸은 당시 칠판에 손이 닿지 않았다. 그 아이가 이 재미있는 놀이를 함께하려 하지 않은 이유도 수긍이 된다).

다소 추상적으로 보일 수도 있지만, 이 불분명한 기호들은 한데 모여 자기들만의 단순한 이야기를 전한다. 이 이야기는 일반상대성이론이 속삭이는 이야기와 비슷하지만 자기만의 작은 반전이 있다. '시공간 곡률 R은 우주에 존재하는 모든 것의 에너지 밀도와 중력자 질량 그 자체 그리고 유질량 중력자가 제공하는 추가적인 편광들에 의해 영향을 받는다. 그리고 이 추가적인 편광들은 함수 U 안에 숨겨져 있다.' 유질량 중력에서는 이 모든 요소가 하나의 큰 주제로 결합된다. 우리 우주에 존재하는 모든 것의 에너지 밀도가 중력자 질량과 함께 시공간에 영향을 미친다는 것이다. 이렇게 표현하니까 일반상대성이론을 간단하게 일반화해놓은 것처럼 보이지만 한 가지 핵심적인 차이가 있다. 이제는 우주가 고통스러운 수준으로 휘어지지 않고도 큰 양자 진공에너지를 가지는 것이 가능하다는 점이다. 중력자 질량 혹은 중력자 질량 속에 숨어 있던 중력의 추가적인 특성이 에어백이나 안전장치처럼 작용해서 진공에너지의 충격(더 정확히는 유입)을 흡수할 수 있다. 시공간의 구조를 터무니없이 작은 수준으로 휘는 대신 진공에너지와 중력자 질량이 서로를 상쇄함으로써 우리 우주의 표준 곡률이 진공에너지의 존재에 사실상 영향을 받지 않게 된다. 중력자 질량과 함께 추가적으로 따라오는 편광이 유질량 중력에서 원치 않는 부작용을 일으키는 대신, 우리 우주를 생존 가능한 장소로 만들고 있는 것이다.

하지만 엄청나게 거대한 진공에너지를 흡수할 수 있다는 것은 이야기의 한 측면에 불과하다. 이 새로운 유질량 중력은 전체적으로 매우 풍부하고 심오한 의미를 함축하고 있는데, 7장에서는 이 점을 탐구할 것이다. 하지만 그전에 우리가 마지막으로 다뤄야 할 부분이 있다. 우주의 시작 그 자체이다. 우주론학자들은 138억 년 전 우주의 시작 직후에는 시공간 곡률이 오늘날보다 훨씬, 아주 훨씬 높았다는 데 의견을 같이 한다. 사실 너무 높아서 중력자 질량은 무시할 수 있을 수준이었을 것이다. 그렇다면 어떻게 중력자 질량이 영향을 미칠 수 있었을까? 그 해결책은 그 단순함 때문에 흥미롭다. 무릇 중력의 이론은 시간과 공간이 얽히는 본질에 관한 이론이다. 유질량 중력이 중력의 행동 방식에 아주 먼 거리에 걸쳐 영향을 미친다면, 아주 긴 시간 규모에 걸쳐서도 영향을 미쳐야 한다.

중력자 질량을 유아기의 아주 작은 우주에 적용하면 아무런 영향이 없다. 하지만 충분히 긴 시간, 우주의 나이만큼 긴 시간 척도에서는 중력자 질량이 작용하기 시작해서 진공에너지의 큰 효과를 완화시킨다. 실제로 중력자가 진공에너지를 완전히 쓸어버리려면 무한한 시간이 걸린다. 이것이 바로 현재 대부분의 진공에너지가 이미 중력자 질량에 흡수되어 있음에도 여전히 소량의 잔여 효과가 남아 있는 이유다. 이 효과가 바로 오늘날 우리가 관찰하고 있는 그것이고, 우리 우주의 가속 팽창 속도가 느린 이유를 설명해준다. 적어도 이것이 바로 우리가 그 기호들을 해독하려 할 때 유질량 중력의 그래피티가 우리 귀에 속삭여줄 이야기다.

이 기호들이 어둡고 생경하게 느껴질 수도 있지만, 이 기호들이 전하는 개념은 결국 우리에게 아주 익숙한 개념이다. 이것은 중력을 포함해서 모든 것에는 한계가 있다는 기본적으로 재미있는 개념이다. 이 개념이 구체적인 모습을 갖추면 입자물리학의 진공에너지를 우주 가속과 조화시켜 현대 물리학의 두 기둥을 하나로 통합하는 데 도움이 될 것이다. 인류는 수십 년 동안 우리 우주를 구체적으로 이해하려 노력해왔다. 그리고 마치 우리를 기쁘게 해주려는 듯 새로운 가능성이 등장했다. 이 가능성이 우리를 우리의 이야기 그리고 우리 우주의 기원과 그 운명에 대한 이야기에 한 걸음 더 다가서게 해줄 것이다.

7장

중력에
이끌리는 삶

과학을 대하는 태도

나는 우주비행사가 되기 위해 수년간 헌신했다. 돌아보면 거기에 쏟아부은 그 모든 시간과 에너지를 더 확실하고 건설적인 일에 쏟았더라면 더 나았을지도 모른다. 하지만 나는 그 꿈을 좇은 시간을 단 1초도 후회하지 않는다. 비행기 조종술을 배우는 것만 해도 인생을 뒤바꿔놓은 경험이었다. 물리학자가 되는 것처럼 비행사가 되는 것 역시 결코 쉬운 일이 아니었다. 비행에 나서기 위해 해가 뜨기도 전에 일어나야 했고, 비행기 조종사 시험을 준비하는 데도 상당한 시간을 투자했다.

하지만 이 과정에서 마음에 들었던 면이 하나 있었다. 어느 때고 무언가 독창적이거나 특이한 일을 해야 한다는 압박이 전혀 없었다는 점이다. 적어도 기본적인 단발기 비행 면허를 취득할 때는 차

중력이라는 아름다움

분하게 적절한 시점에, 올바른 이유에 따라, 올바른 절차를 따르기만 하면 그만이었다. 각각의 절차를 수백 번 반복해서 연습했기 때문에 언제든 다시 할 수 있다는 자신감이 있었다. 무언가 새로운 것을 상상하거나 과감히 시도할 필요도 없었고, 내가 수행한 특정한 비행기 기동이 최고의 혹은 유일한 선택지임을 증명해 보일 필요도 없었다. 심지어 특정한 기준에 따라 최고의 조종사임을 입증할 필요도 없었다. 나는 그저 실수하지 않고 적절한 방법만 적용하면 됐다. 실패만 하지 않으면 성공할 수 있다는 사실이 너무 위안이 되었기 때문에 종종 그 시절로 돌아갈 수 있었으면 좋겠다는 생각을 한다. 우주비행사나 이론물리학자가 되려면 실패하지 않는 것만으로는 부족하다. 사실 실패는 과학 연구 과정에 늘 따라다닌다. 우리의 유질량 중력이론의 경우도 실패하지 않는 것이 목표였던 적은 없다. 실패하지 않는 것은 여정의 시작에 불과했다.

종이 한 장 두께만큼 가까운 거리에서 은하만큼 큰 범위에 이르기까지 일반상대성이론은 실패를 모르는 훌륭한 안내자로서 자신의 입지를 증명했으며, 이론과 실제 관찰이 전례 없는 수준으로 완벽하게 일치한다. 일반상대성이론을 왕좌에서 끌어내리려는 도전자가 있다면 그저 자신의 이론이 일반상대성이론과 비슷한 결과를 달성할 수 있음을 증명하는 것으로는 부족하다. 일반상대성이론과 차별화되는 특징을 반드시 가지고 있어야 하고, 어떤 면에서는 일반상대성이론을 능가한다는 것을 보여주어야 한다. 지금까지 이루어진 모든 관찰과 실험이 일반상대성이론과 완벽하게 일치했기 때문에 이 차별화된 특성은 분명 대단히 미묘하거나 충분히 작은 것이어야 한다. 그래야 우리가 아직 그 특성을 발견하지 못한 이유를 설명할 수 있다. 그리고 한편으로는 그 특성이 미래에 그 도전자와 일반상대성이론을 구분지을 수 있을 정도로 의미가 있는 것이어야 한다.

내 우주비행사 선발 과정 직전에 새로운 결핵 검사가 나왔던 것처럼 우리 모델들을 더 심도 있고 철저하게 검증하기 위해 이론, 관찰, 실험의 측면에서 새로운 방법이 계속해서 고안되고 있다. 비전문가가 보기에는 새로운 이론을 내놓은 것이 아주 대단한 업적으로 보일 수 있다. 하지만 진짜 어려운 것은 그 이후에 진행될 일에서 살아남는 것이다. 내가 우주비행사 선발 과정에서 겪은 검사도 엄격했지만, 우리의 유질량 중력 모델이 직면하고 있고, 또 앞으로 직면하게 될 과학계의 철저한 검증 과정에 비하면 그것은 새 발의 피다. 이런 철저한 검증은 가바다제와 내가 마침내 두 번째 연구 결과를 마무리해서 논문을 아카이브에 게시하고, 내가 표준 학술지 제출 절차를 개시하자마자 본격적으로 시작됐다.[*]

우리 연구 결과는 유질량 중력을 부정하는 불가능성 정리 주장에 숨겨진 결함을 처음으로 드러낸 것이기 때문에 우리 원고를 근래 가장 강력한 불가능성 정리를 발표한 학술지에 제출하는 것이

---

[*] 이제는 과학 연구를 알리는 일이 거의 전적으로 누구나 접근할 수 있는 무료 온라인 아카이브를 통해 이루어지고 있지만, 학자로서의 경력을 쌓기 위해서는 동료 심사를 하는 과학 학술지에 게재해야 한다.

적절하다고 생각했다. 나는 정말 얼마나 순진했는지! 당연히 나는 동료 심사 과정이 매끄러울 거라 기대하지는 않았다. 과학 연구는 다른 전문가에 의해 철저하게 해부되고 재분석되지 않으면 의미가 없기 때문이다. 나는 우리 논문이 어느 정도 회의적인 반응과 저항에 직면할 것이며, 심사위원의 반대 의견에 대응하다 보면 오랜 논의로 이어지리라 예상했다. 그런데 아무래도 내가 너무 낙관적이었던 모양이다. 학술지 편집자는 심사 단계에 들어가기도 전에 우리 원고를 거절해버렸다. 내가 보기에 편집자의 가장 큰 관심사는 연구의 과학적 엄격함이나 타당성보다는 자신의 동료들과 이데올로기에 대한 도전을 막는 데 맞춰져 있었다.

다행히도 마찬가지로 명망이 있는 다른 학술지에서 우리 원고를 신속하게 받아주었다.[21] 우리의 발견은 몇 년 안에 그리고 후속 연구[22]와 더불어 지난 10년 동안 물리학계에서 이루어진 가장 영향력 있는 발견 중 하나로 자리매김하여 인정을 받게 되었다. 하지만 처음에 만난 편집자의 반응이 과학계 다수 구성원이 보여줄 반응을 예고한 신호탄이었음을 머지않아 알게 됐다. 우리의 연구가 그들의 신경을 건드린 것이 분명했다. 일부 과학자들은 처음에는 우리 연구 결과를 무시하더니 나중에는 이 연구가 명백히 잘못된 것이라 주장했고, 자신이나 자신의 동료가 이미 그런 결과를 유도한 바 있다고 주장하는 사람도 나타났다. 재미있게도 양쪽 주장을 동시에 하는 과학자들도 있었다. 당연하게도, 어째서 그런 분명한 결함이 있는 연구 결과를 자신이 유도해냈다고 주장하지 못해 안달인지 정말 이해하지 못할 노릇이었다. 하지만 이런 부분도 인간의 소소한 미스터리로 남을 것이다.

비과학자의 눈에는 어떻게 다른 과학자들이 저렇게 발 벗고 나서서 우리 연구 결과를 무시하는지 이해하기 힘들 수도 있다. 어쨌거나 우리가 발표한 연구는 수학을 사용해서 결과를 증명하는 법을 분명하게 보여주었고, 수학은 많은 사람이 논리와 진리를 모두 포괄하는 궁극의 언어로 인정하는 대상이기 때문이다. 이것이 분명 내가 수학에 이끌린 이유 중 하나였다. 나는 어떤 수준의 오해도 뚫고 나갈 힘을 가지고 있는 자연의 법칙 속에서 진리와 위안을 찾을 수 있었다. 하지만 머지않아 나는 일이 그렇게 간단하게 풀리는 경우가 드물다는 것을 알 수 있었다. 우리 모델의 밑바탕에 깔려 있는 물리적 측면이나 거기에 수반되는 수학적 증명에 초점을 맞추는 사람들은 우리와 의견을 같이 하는 경향이 있었다. 머지않아 우리의 증명을 뒷받침하는 논리가 레이첼 로젠Rachel Rosen과 파와드 하산Fawad Hassan에 의해 일반화되었고, 이어서 레이첼 로젠과 커트 힌터비클러Kurt Hinterbichler에 의해 다시 일반화됐다. 그리고 다른 사람들도 신속하게 뒤를 이었다. 수학적인 부분은 검증되었다. 반면 회의적인 비판은 우리의 증명 논리와는 관련이 없었다. 그런 비판은 거의 항상 우리가 사용하는 수학 언어와 그들에게 익숙한 수학 언어의 차이에서 비롯됐다.

우연히 같은 사회에서 살게 된 사람들 사이에서도 그렇듯이 우리가 사용하는 수학 언어, 혹은 우리가 선호하는 과학적 논증의 스타일에도 여러 가지 문화적 차이가 존재할지 모른다. 과학의 경우 이런 차이는 지리적 차이에 따른 것이 아니다. 이런 차이는 물리학과 수학이 진화해온 방향의 풍부함과 광범위함을 반영한다. 과학 용어에 존재하는 이런 차이가 추상적이고 직관에 반하는 것처럼 느껴진다면, 실수 π를 생각해보자. 이것은 수학에서 가장 중요한 수 중 하나이며, 대략 3.14 정도의 값을 가진다는 것을 대부분 알고 있다. 여기에 도달하는 방법은 다양하다.

- 평평한 종이 위에 반지름이 R인 완벽한 원을 그린 후에 줄자로 원주 C를 측정한 다음 C=2πR이라는 공식을 이용해서 π의 값을 추론한다.
- 반지름이 1센티미터인 완벽한 대칭의 구형 풍선에 물을 채워서 무게를 잰다. 공의 부피가 4π/3세제곱센티미터이고, 1세제곱센티미터 물의 무게가 1그램이므로, 풍선의 무게를 그램 단위로 구해서 거기에 3/4을 곱한 값이 π임을 알 수 있다.
- 그레고리-라이프니츠 급수Gregory-Leibniz series의 규칙에 따라 π/4=1-1/3+1/5-1/7+⋯, 즉 홀수를 분모로 하여 만든 분수를 연속적으로 번갈아가며 더하고 빼는 무한급수를 이용한다.

완벽하게 평평한 세상에서는 이 세 가지 방법 모두 똑같이 정당하며 어느 정도의 정확도 내에서 같은 값이 나온다. 하지만 휘어진

공간에 있다고 상상해보자. 이런 경우 종이가 완전히 평평하지 않을 것이기 때문에 원주를 구하는 공식을 수정해야 한다. 이 공식을 다시 생각해보아야 한다. 풍선의 질량에서 π를 추론하는 방법 역시 수정이 필요하지만, 방식이 달라야 한다. 수학의 그레고리-라이프니츠 급수 규칙에서 π의 값이 3.141592653589793…으로 나오면 나머지 방법에서도 동일한 값이 나와야 한다. 하지만 그레고리-라이프니츠 급수의 규칙에 익숙하지 않은 사람이 원주를 이용하는 법을 사용하여 π값을 추론하려고 하면 잘못된 결과가 나올 수 있다. 그 사람은 누군가가 곡률을 어떻게 고려해야 하는지 설명해주기 전에는 그레고리-라이프니츠 급수의 규칙을 의심하거나 아예 인정하지 않으려 할 것이다.

물론 수학은 거짓말을 하지 않는다. 무언가가 어느 수학 언어를 통해 참으로 증명되었다면 가능한 다른 모든 언어에서도 참이어야 한다. 우리는 그저 그 기초적인 원리를 제대로 이해하기만 하면 된다. 그래서 수년 동안 우리는 새로운 동료가 다른 관점을 제시할 때마다 그들이 선호하는 언어를 배워 우리의 논리를 다른 용어로 번역하고, 우리의 사고방식을 이 새로운 수학 문화에 맞게 조정해야 했다. 동료들의 도움으로 우리는 차츰 밑바탕에 자리 잡은 논증을 여러 가지 수학적·물리학적 표현으로 번역했다. 이 표현들은 소위 해밀토니안 제약Hamiltonian constraint, 슈텔켈버그 제약Stückelberg constraint, 헬리시티 제약helicity constraint, 구속된 비엘바인constrained vielbein, 제한되지 않은 비엘바인unconstrained vielbein 그리고 다른 '형태form'

중력이라는 아름다움

등 서로 다른 이름과 변형을 가지고 있다. 이런 언어들은 모두 서로 다른 방법을 이용해서 편광의 수를 셈하고, 유령의 존재 여부를 판단한다. π를 계산할 때와 마찬가지로 이런 방법들의 기초를 제대로 이해하지 않으면 틀린 결과를 내놓기 십상이다. 5년 동안 우리는 대답하지 않은 질문이 없어질 때까지 이 과정을 반복해야 했다. 유질량 중력에 관한 우리의 주장은 12명의 동료 심사위원에 의해 폐쇄적으로 평가를 받은 것이 아니라 여러 문화로 구성된 과학계 전체를 통해 공개적으로 평가를 받았다.

때때로 이런 심사가 심한 압박으로 느껴지기도 한다. 뜻은 좋지만 대단히 강도 높은 검증이 이루어지는 것을 넘어서, 내 연구를 철회하지 않으면 직업 경력에 심각한 타격이 가해지리라는 위협적인 메시지를 받기도 했다. 어떤 메시지는 심지어 개인적인 모욕까지 담고 있었다. 그럼에도 이 모든 것을 거치는 동안 우리의 연구 결과가 수학적으로 옳다는 확신이 나를 계속 나아가게 했고, 그 과정에서 과학계의 다양한 언어와 기술을 배울 수 있었다.

우리 이론에 반대하는 논증을 대부분 막아내거나, 적어도 유령이 나오지 않는다는 것을 밝히고 나니 이 모험에서 가장 흥미진진한 부분이 마침내 시작될 수 있었다. 유질량 중력은 아직 옳은 것으로 입증되지 않았고, 그 점에서는 그 어떤 이론도, 심지어 일반상대성이론도 옳다는 것이 입증된 바 없지만, 이 이론이 아직 실패하지 않았다는 사실은 우리가 이론을 현실과 비교하며 시험할 수 있음을 의미했다. 이제 알베르트 아인슈타인의 오랜 중력이론을 대신하려는 이 이론이 제대로 작동하는지에 대한 판단은 자연에 맡기면 될 일이었다.

중력의 가벼움

유질량 중력이 말이 되려면 중력자의 질량이 아주 작아야 하며, 그 작용 범위는 오늘날 관측 가능한 우주와 비슷하거나 더 클 수도 있다. 에너지 척도로 따지면 이것은 10^{-32}전자볼트 또는 그보다 작은 질량에 해당하며, 우리가 알고 있는 가장 가벼운 유질량 입자인 중성미자보다도 30자릿수 정도 가벼운 것이다. 암흑물질의 맥락에서 보면 다른 많은 모델에서 아주 가벼운 질량을 갖는 유질량 입자를 포함하고 있지만 10^{-32}전자볼트라는 질량은 자연에서 예상되는 그 어떤 것보다도 훨씬 작은 값이다. 따라서 우리가 가장 먼저 물어야 할 질문은 이처럼 작은 질량이 과연 합리적으로 고려할 만한 가치가 있느냐는 것이다. 다른 입자들의 질량이 중력자에 전달되어 그 값을 증가시킬 것이라 예상하는 게 옳지 않을까? 사실 이 질문이 새로운 우주상수 문제의 핵심에 자리 잡고 있으며, 이것에 대답하려면 유질량 중력이론을 구축할 때 작용하는 세부사항에 대해 이해해야 한다. 이제 그런 이론을 손에 넣은 우리는 유질량 입자와 중력자 질량 사이의 상호작용을 추적해서 중력자의 가벼움이 실제로 합리적임(혹은 우리 용어로 표현하면 '기술적으로 자연스러움')을 확인할 수 있었다.

중력자가 다른 어떤 유질량 입자보다 훨씬 가벼운 이유를 이해하는 한 가지 방법은 일반상대성이론으로 돌아가는 것이다. 여기서는 중력자가 그냥 더 가벼운 정도가 아니라 아예 질량이 없다. 일반상대성이론에서 질량의 부재는 등가원리에 의해 결정된다. 등가원리가 중력으로 하여금 어떤 것과도 정확히 똑같은 방식으로 작용하도록 강제하기 때문이다. 중력은 이 부분에서 너무 엄격해서 그 어떤 것도 중력이 작용하는 방식을 바꿀 수 없고, 다른 유질량 입자도 자신의 질량을 중력자에 전달할 수 없다. 한 번 무질량은 영원한 무질량이다.

이제 유질량 중력에서는 중력의 엄격함과 등가원리가 살짝 깨진다. 우리가 큰 진공에너지를 다룰 수 있게 된 것이 바로 이것 덕분이다. 이게 아니었으면 진공에너지 때문에 우주가 1센티미터도 안 되는 크기로 말려 들어갔을 것이다. 하지만 이 원리들은 중력자의 질량에 따라 깨지는 정도가 달라진다. 만약 중력자가 아주 가벼우면 원리들이 아주 약하게만 깨진다. 이런 경우 원칙적으로 다른 유질량 입자들이 자신의 질량을 중력자에 조금 전달해서 중력자를 살짝 무겁게 만들 수 있지만, 사실 이런 효과가 중력자 질량 자체에 의해 억제되기 때문에 적어도 이론적으로는 결코 유의미해질 수 없다. 하지만 실제로 일어나는 일을 진정으로 이해하기 위해서는 이론을 실제 관찰과 비교해보아야 한다.

시(공)간이 말해주리라

새로운 물리학 이론이 받을 수 있는 테스트나 건강 검진의 수에는 제한이 없다. 다행히도 여러 가지 병에 대해 우리의 관찰 및 경험이 모델과 양립하는지 진단하는 데 도움이 될 초기 경고 신호가 존재한다. 유질량 중력이론을 개발하게 된 주요 동기는 거대한 우주적 거리에서 중력의 효과를 이완시키거나 약화시키기 위함이었기 때문에, 일단 모델이 개발되자 우리는 이런 측면에서 유질량 중력이론이 실제로 얼마나 잘 돌아가는지 확인하는 조사에 들어갔다.

다른 많은 것이 그랬지만 이 연구도 데이비드 피르츠칼라바David Pirtskahalava의 독창성, 라비니아 하이젠베르크Lavinia Heisenberg의 뛰어난 창의력과 결단력, 앤드루 마타스Andrew Matas의 깊은 통찰력이 없었다면 불가능했을 것이다. 데이비드는 그레고리의 박사학위 과정 학생 중 한 명이었고, 라비니아와 앤드루는 이즈음 나와 함께 박사학위 과정을 시작한 학생이었다. 프로젝트에 대한 열정과 지속적인 대화 덕분에 나머지 과학계와 치열하게 대립하던 기간 동안에도 우리는 버틸 수 있었다. 게다가 유질량 중력으로 떠난 모험의 두 번째 단계가 시작되자, 이들은 우리 연구에 대해 논의해본 많은 선배들보다도 이 프로젝트에 더 많은 통찰을 불어넣어 주었다.

유질량 중력이 실제로 우주적으로 먼 거리에 걸쳐 중력의 효과를 약화시키는지 검증하기 위해 중력을 질량이 나가게 만들되 그것이 지나치게 비활성화되어 너무 빨리 완화됨으로써 우주의 전체 구조와 진화를 교란하지는 않게 해야 했다. 중력이 현재의 관측 가능한 우주(약 138억 광년 크기)에 비견되는 거리에서 꺼지는 것은 괜찮다. 사실 그렇게 되어야 했다. 하지만 이런 일이 그보다 더 빨리 일어난다면 그 완화의 징후가 이미 관찰되었어야 한다. 사실 중력자가 질량이 너무 크면 수백만 광년 떨어진 은하단들이 중력으로 묶여 있을 수 없다. 이러한 관찰만으로도 중력자 질량은 가장 강한 제한 중 하나에 묶이게 된다. 따라서 중력자의 질량은 약 100만 년의 역수 이하로 제한되며 이것은 에너지 척도로 10^{-29}전자볼트 정도에 해당한다. 우리가 염두에 두고 있던 질량은 10^{-32}전자볼트 정도의 수준이었기 때문에 우리는 아직 안전하게 그 범위 내에 있었다. 그럼에도 불구하고 중력으로 묶여 있는 은하단의 존재가 중력자의 질량에 가장 엄격한 제한을 가한다는 점은 놀라운 일이다.

뒤얽힌 은하단을 관찰하는 것 말고도 중력을 테스트해볼 수 있는 자원은 대단히 풍부하다. 가장 중요한 것 중 하나는 2개의 블랙홀이나 중성자별이 융합하면서 방출하는 글라이트 혹은 중력파를 직접 검출하는 것이다. 미국의 레이저 LIGO와 유럽의 VIRGO 관측소 팀이 지구에서 관측한 중력파는 반복적으로 연주되는 단일음이 아니라 정확한 조화 속에 연주되는 교향곡이다. 서로의 궤도를 도는 2개의 블랙홀이나 중성자별이 좀 더 긴밀하게 춤을 춤에 따라 이 두 천체는 점점 높은 음을 방출한다. 즉, 더 파란색의 글라이트 광선을 방출한다. 이들이 융합할 때까지 이 주파수는 미친 듯이 올라간다.

유질량 중력의 특성 중 하나는 여느 유질량 파동의 전파와 마찬가지로 질량이 다양한 색상이나 주파수에 다르게 영향을 미친다는 점이다. 교향곡에서 나중에 방출되는 고주파수 파동은 빛의 속도에 가깝게 이동하며 작은 질량의 존재에 사실상 영향을 받지 않는 반면, 초기에 나오는 파동은 주파수가 낮아서 질량의 영향을 더 많이 받는다. 그래서 우주를 가로지르는 동안 속도가 느려진다. 중력파에 실제로 질량이 있다면 초기에 방출되는 저주파수 모드와 나중에 방출되는 고주파수 모드 사이의 속도 차이를 알아차릴 수 있을 것이며, 신호가 왜곡된 것처럼 보일 것이다.

글라이트가 처음 검출된 것은 불과 몇 년 전의 일이지만 블랙홀 융합에서 방출된 중력파 신호는 이미 모자, 마스크, 넥타이, 소매 단추, 드레스, 폰 케이스, 귀걸이 등 상상 가능한 거의 모든 유형의 옷감과 액세서리에 새겨졌다. 이 신호를 단순화해서 표현한 것이 〈그림 7-1〉 위쪽에 나타나 있다. 글라이트의 모든 색이 정확히 동일한 속도로 이동한다면 우리가 받는 신호의 모양이 방출될 때의 신호와 동일할 것이다. 만약 중력에 질량이 없거나(상대성이론의 경우처럼), 질량이 충분히 작으면 이렇게 나올 수 있다. 만약 중력의 질량이 대단히 크다면 신호가 왜곡된 것처럼 보일 것이다. 그 과정에서 나중에 방출된 고주파의 파동이 속도가 느린 저주파 파동을 따라잡아 우리가 받는 신호를 압축시키기 때문이다.

중력자 질량의 현실적인 값으로 따지면 이 신호들 사이의 차이

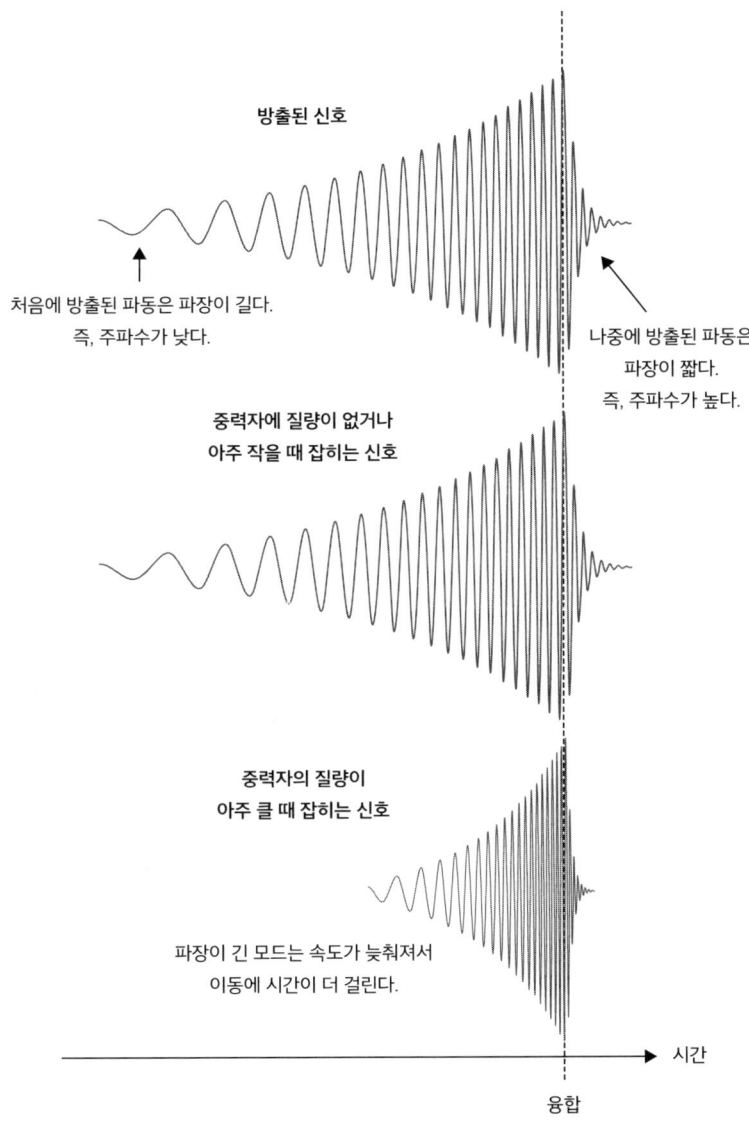

방출된 신호

처음에 방출된 파동은 파장이 길다.
즉, 주파수가 낮다.

나중에 방출된 파동은
파장이 짧다.
즉, 주파수가 높다.

중력자에 질량이 없거나
아주 작을 때 잡히는 신호

중력자의 질량이
아주 클 때 잡히는 신호

파장이 긴 모드는 속도가 늦춰져서
이동에 시간이 더 걸린다.

시간

융합

그림 7-1 I 중력자에 질량이 없거나(일반상대성이론의 경우) 질량이 있을 때 우리가 검출하게 될 중력파 신호의 차이

는 육안으로 알아차리기가 불가능할 정도로 미미하다. 그래서 이런 효과를 시각적으로 확인할 수 있도록 〈그림 7-1〉에서는 중력자 질량을 극적으로 키웠을 때의 신호를 나타냈다. 우리의 기대치보다 20자릿수 정도 크게 잡은 값이다. 관찰된 신호를 꼼꼼히 분석하여 방출된 신호에 관한 우리의 기대치와 비교함으로써 LIGO와 VIRGO의 연구진들은 중력자 질량의 상한선을 설정할 수 있었으며, 그 상한선은 10^{-21}전자볼트 미만이었다. 우리의 유질량 중력이론에서는 중력자의 질량을 10^{-32}전자볼트 언저리로 잡고 있기 때문에 우리 이론은 이런 제약을 어렵지 않게 만족시킨다. 덧붙여 말하자면 빛에서는 광자의 질량이 약 10^{-20}전자볼트로만 제한된다. 이는 훨씬 약한 제한이다. 우리가 글라이트를 감지한 지 몇 년밖에 지나지 않았고, 글라이트를 검출하기 위한 기반시설을 구축하는 등의 큰 어려움을 극복해야 했지만, 우리는 이미 광자보다는 중력자의 질량에 대해 더 많은 것을 알고 있다! 단 한 번의 관측만으로도 수천 년 동안 이어져온 일반적인 빛 탐지를 뛰어넘었다는 사실은 우리가 중력을 이해하는 데 얼마나 큰 진전을 이루었는지 보여주는 증거다.

여러 개의 새로운 글라이트 신호(그중 일부는 빛을 동반한 신호)를 감지해서 과학자들은 최근에 중력의 질량에 대한 제한을 약 10^{-22}전자볼트 미만으로 정밀하게 조정했다. 이것은 중력으로 묶여 있는 은하단의 존재에 의해 확립된 제한보다 훨씬 덜 제한적이지만 이 분야의 향후 연구는 매우 유망하다. 다음 10년 동안은 중력파관측소를 우주에 설치하게 될 것이다. 이 프로젝트는 현재 레이저간섭계 우주안테나Laser Interferometer Space Antenna(LISA) 임무에 따라 진행되고 있다. LISA는 태양 궤도를 돌면서 지구를 쫓아다니는 동안 2킬로미터 길이의 팔을 펼치게 될 것이다. 여기서 멈추어야 할 이유가 무엇인가? 계속 진행 중인 펄서타이밍어레이 미션을 통한 저주파 중력파 배경 탐지를 통해 우리는 하늘에 떠 있는 맥동성들의 네트워크를 중력파 관측소로 사용하는 시대에 접어들고 있다. 우리는 말 그대로 항성을 도구로 사용하여 기존에는 상상할 수 없었던 낮은 주파수의 글라이트를 관찰하며 중력의 본질을 훨씬 깊이 탐구해 들어가고 있다.

달이 건네는 이야기

유질량 중력의 핵심은 먼 거리와 긴 시간 척도에서 중력의 작용 방식을 바꾸어보자는 것이기 때문에 그 질량에 가해지는 최고의 제한은 가장 큰 척도에서 나올 가능성이 높다. 중력에 질량이 있다면 이 값이 아무리 작을지라도 결국에는 그 질량의 효과가 나타나는 지점이 분명 찾아온다. 어쩌면 그 효과를 감지하는 최고의 방법은 수십억 년을 기다려서 우주가 정말로 유질량 중력자나 무질량 중력자가 예측하는 패턴을 따르는지 살펴보는 것일 듯하다. 만약 우리의 수명이 우주처럼 무한하고, 인내심과 헌신도 그만큼 따라준다면 가능했을 것이다. 다행히도 우리 같이 유한한 존재를 위해 좀 더 현실적인 대안이 존재한다.

한 가지 가능성은 중력의 다양한 편광에 초점을 맞추는 것이다. 중력에 질량이 있다는 이론을 개발하기가 어려운 이유 중 하나는 일반상대성이론의 구조를 살짝만 바꿔도 그 토대가 무너질 수 있기 때문이다. 앞에서 보았듯이 중력에 질량이 있을 때 추가로 등장하는 중력파의 편광은 일반상대성이론의 대안을 어떤 것으로 선택해도 대단히 심각한 문제를 일으킨다. 현실성 있는 유질량 중력 이론을 개발하기 위해 우리가 주로 초점을 맞춘 부분은 소위 유령 입자라는 것이 텅 빈 진공으로부터 자발적으로 갑자기 나타나 현실의 본질 전체를 소멸시키지 못하게 금지하는 것이었다. 이것은 쉬운 일이 아니었지만 지금은 유령을 영원히 제거하는 모델을 고안함으로써 일반상대성이론에 이미 존재하던 2개의 편광에 더해서 유질량 중력에서 존재하는 나머지 3개의 편광에 집중할 수 있게 됐다. ±1 모델로 명명된 그중 2개는 상대적으로 덜 해롭다. 깨워서 그 효과를 관찰하기가 어렵기 때문이다. 이들은 잠들어 있는 상태이고 우리 우주의 환경 대부분에서 접근이 불가능하다. 반면 세 번째 추가 모드인 '호흡 모드'는 자체적으로 진정한 생명력을 가지고 있다. 이 모드를 종종 '파이pi'라 부르고 π로 표시한다. 이것에 대한 이해가 파이온pion(혹은 파이pi)이라는 아원자 입자 유형과 긴밀하게 관련되어 있기 때문이다. 파이온은 원자핵 안에서 강한 핵력을 매개하는 역할을 한다.

π장은 진정으로 중력적인 특성을 가지고 있다. 이 모드는 항성, 행성, 암흑물질 등의 비상대론적 물질nonrelativistic matter과 상호작용하지만, 빛을 비롯한 다른 상대론적 입자relativistic particle와는 직접 상호작용하지 않는다.* 따라서 빛이 중력 아래 어떻게 휘어지는지 지켜보면 π장은 빛에 직접적인 영향을 미치지 않기 때문에 유질량 중력 아래서도 일반상대성이론과 동일한 결과를 얻게 된다(중력자의 질량 때문에 작은 보정은 있겠지만). 하지만 지구 궤도를 도는 달처럼 2개의 무거운 질량체를 고려할 때는 이 새로운 π장에서 나오는 추가적인 작은 힘 때문에 결과가 달라질 것이다. 우리는 이것을 제5의 힘이라 종종 부른다. 네 가지 알려진 힘(일반상대성이론, 전자기력, 약한 핵력, 강한 핵력) 너머의 힘이기 때문이다. 태양계 안에서 π장으로부터 생성된 제5의 힘이 이미 중력자 질량에 대한 최고의 제한 중 하나를 제공하고 있다. 그래서 우리 하늘에서 π를 찾아 나선 것이다.

만약 중력자가 무질량에 가깝다면 π 모드 혹은 호흡 모드는 사실상 은둔자로 혼자만의 고립된 삶을 살아가며 우리에게 아무런 영향도 미치지 않는다. 과학 용어로는 π장이 디커플링되어 있다고 한다. 이것이 일어나는 메커니즘은 1972년에 이론물리학자 아르카디 바인시테인Arkady Vainshtein이 처음 제기했다. 그의 논증을 좀

---

* 여기서 '비상대론적 물질'이란 빛에 비해 속도가 느린 질량체나 입자를 의미하고, '상대론적 입자'란 빛의 속도에 가까운 속도로 움직이는 입자를 의미한다.

더 정확하게 다듬는 데 거의 30년이 걸렸지만 2001년에 세드릭 데파예Cedric Deffayet, 기오르기 드발리Georgi Dvali, 그레고리 가바다제, 아르카디 바인시테인은 추가 차원으로부터 중력의 수정이 일어나는 맥락에서 이른바 바인시테인 디커플링Vainshtein decoupling이 어떻게 실현될 수 있는지 성공적으로 증명했다. 이와 동일한 논거가 우리의 유질량 중력 모델에도 적용된다. 그들은 중력자 질량의 값이 충분히 작은 경우에는 π 모드가 자기 자신과 강력하게 상호작용하며 자기만의 게임에 몰두하느라 우리를 괴롭힐 힘이 부족해진다는 것을 발견했다. 따라서 중력자의 질량이 무질량에 가까울 정도로 대단히 가벼울 때는 일반상대성이론과 비슷한 결과가 나온다. 하지만 중력자 질량이 완전히 무시할 수 있는 정도가 아니라면 이 모드가 미치는 미묘한 효과를 현재의 관측으로 알아차릴 수 있어, 독특한 신호가 나타날 수 있다.

한 가지 잠재적인 신호는 앞에서 본 헐즈-테일러 펄서에 대한 보정이다. 서로의 주위를 우아하게 공전하는 이 두 항성은 빛보다 글라이트를 더 많이 방출하며, 이들의 에너지 상실 현상은 중력파의 존재를 부인할 수 없는 첫째 증거였다. 만약 중력에 질량이 있다면 글라이트는 일반상대성이론 아래서보다 더 다양한 맛깔flavor을 가지게 된다. 이 새로운 유형의 글라이트, 혹은 π 파동은 항성이 더 밝게 빛나게 해주고(비록 빛이 아니라 글라이트를 통해 더 밝게 빛나는 것이지만), 이론적으로 이것은 중력자가 질량이 있는지를 판단할 방법을 제공해준다. 하지만 앤드루 마타스, 앤드루 톨리, 대니

　　　　　　　　　　　　　　　중력이라는 아름다움

얼 웨슬리Daniel Wesley와 나는 실질적으로 중력자 질량이 충분히 크지 않다면 이 새로운 빛의 밝기가 아주 희미하다는 것을 밝혀냈다. 우리가 염두에 두고 있는 중력자 질량의 크기에서는 쌍성계 펄스를 통해 이 새로운 모드의 효과를 감지하기가 불가능하다. 하지만 지구-달 시스템에서는 이 π맛 글라이트가 훨씬 작기는 하겠지만 무슨 일이 일어나는지 아주 놀라운 정밀도로 이를 측정할 수 있기 때문에 중력자 질량에 대한 최고의 제한 중 하나를 제공해줄 수 있다. 하지만 지구-달 시스템에서 '무슨 일이 일어나는지 측정한다'라는 말의 의미가 정확히 무엇일까?

아폴로 11호, 14호, 15호 임무 당시 달에 일련의 거울들이 설치되었다. 지구에서 이 거울에 레이저를 쏘고 그것이 반사되어 돌아오는 것을 관측하면 달의 위치를 1.1밀리미터 이내의 정확도로 추정할 수 있다. 11자릿수 이상의 정확도다. 달레이저거리측정Lunar Laser Ranging(LLR)이라는 이름으로 진행되고 있는 이 실험은 현재까지 가장 강력한 중력 탐지 방법 중 하나다.[*] 이런 정확도를 달성하기 위해서는 빛이 우리 대기를 가로질러 전파될 때 생기는 지연 현상뿐만 아니라 지구의 형태, 달의 속도와 그에 따른 로렌츠 수축Lorentz

---

[*] 현재는 등가원리를 훨씬 예민하게 테스트할 수 있는 검사 방법이 설계되어 있다. 예를 들어 마이크로스코프 우주임무Microscope Space Mission는 두 원자 사이의 가속 변화도 감지할 수 있을 정도로 민감하다. 이런 가속 변화는 예를 들어 제5의 힘, 또는 두 원자의 중력 질량과 관성 질량 사이의 실제적인 차이로 인해 발생할 수 있다. 마이크로스코프는 약 10^{-15} 정도의 민감도를 달성할 수 있지만, 이 환경에서는 우리 파이 모드의 효과를 LLR 지구-달 시스템에서보다 알아차리기가 더 어려울 것이다.

contraction까지도 고려해야 한다.* 이보다 더 높은 수준의 정확도를 얻으려면 터무니없을 정도로 미묘한 효과까지도 다 고려해야 한다. 예를 들면, 봄에 나무에서 돋아나는 이파리와 가을이면 땅으로 떨어지는 낙엽까지도 고려해야 한다. 심지어 기후의 변화도 지구 전반의 질량 분포를 변화시키며, 이는 지구와 달 같이 정밀한 중력의 인력에 영향을 미친다.

LLR 미션은 지구-달 중력 인력에 대해 믿기지 않을 만큼 정확한 그림을 제공해주었다. 지금까지는 새로운 π맛 효과가 탐지되지 않았다. 우리가 관찰해온 내용들은 일반상대성이론과 11자릿수의 정밀도로 완벽하게 일치한다. 따라서 중력이 질량을 갖고 있고, 그 새로운 π맛이 하늘에 존재한다면 그것이 지구-달 시스템에 미치는 효과가 그 두 가지 다른 사촌(일반상대성이론에 존재하는 + 편광과 × 편광)보다 적어도 11자릿수만큼 작다는 것을 확실히 밝혀야 한다. 그 수준에서 이 이론을 신뢰할 수 있다고 가정하면, 이런 부분에 대한 고려를 통해 현재까지 나온 중력자 질량에 대한 제한 중 가장 강력한 제한이 등장하며, 그 값은 10^{-30}전자볼트 미만으로 강제된다. 이것이 정말 작은 값임은 부정할 수 없지만, 그래도 여전히 우주론에서 관심을 가질 만한 범위 안에 들어 있다. 우리 달의 움직임을 관측함으로써 우주 전체의 운명, 우주의 가속 팽창, 그리

---

* 달은 지구에 대해 상대적으로 움직이고 있기 때문에 시공간 곡률에 더해서, 지구와 달 사이의 거리와 시간 개념을 바꾸어놓는 특수상대성이론을 반드시 고려해야 한다. 특수상대성이론의 효과 때문에 나타나는 길이와 거리의 수축을 로렌츠 수축이라고 한다.

고 현존하는 모든 입자와 아직 발견되지 않은 입자로부터 발생하는 양자요동의 바다에 대해 더 잘 이해할 수 있다는 것이 나로서는 참으로 놀랍게 느껴진다.

중력의 양자적 본성

내가 중력의 고전적 개념과 그 중력파를 중력과 관련된 기본입자인 중력자, 또는 더 나아가 그 가상의 대응물 사이에서 임의로 왔다 갔다 하며 이야기하는 바람에 이즈음이면 분명 과학계의 또 다른 많은 사람이 불쾌하게 여기고 있을 것이다. 결국 고급 물리학을 공부한 사람은 거의 모두 중력과 일반상대성이론의 고전적 세계와 입자물리학의 양자 세계를 나누고 있는 깊은 분리에 대해 익히 알고 있을 것이다. 이 두 영역을 화해시키는 것이 아직도 물리학의 가장 큰 도전 중 하나로 남아 있다. 끈이론, 인과 집합causal sets, 고리 양자 중력loop quantum gravity 그리고 양자 중력의 다른 비국소적 모델들 모두 고에너지 척도(혹은 곡률)에서 일반상대성이론을 보완해서 이것을 입자물리학의 나머지 양자 세계와 통합하기 위해 제안된 것들이다. 구체적인 내용으로 들어가지는 않겠지만 지난 50년 동안 믿기 어려울 정도로 엄청난 진전이 있었는데도 자연의 모든 힘을 통합하는, 널리 받아들여지는 양자 중력의 근본적 이론을 찾기까지는 아직 갈 길이 남아 있다고 해야 할 것이다.

유질량 중력이론은 결코 이런 근본적 미스터리를 해결하려는 의도로 만들어진 것이 아니다. 하지만 유질량 중력의 운명과 양자 중력의 운명은 항상 얽혀 있을 것이다. 주로 시공간의 고전적인 기하학적 그림을 염두에 두고 구축된 일반상대성이론 및 다른 대안의 중력이론과 달리 유질량 중력의 기본 구성요소는 입자인 중력자이고, 우리는 중력자를 질량을 가진 입자로 간주한다. 이런 관점을 채택함에 따라 우리는 처음부터 중력의 양자적 성질을 받아들여야 한다. 따라서 우리의 모험은 중력이 양자라는 것이 무엇을 의미하는지 제대로 이해하지 않고는 완벽해질 수 없을 것이다. 다음에 이어지는 내용은 유질량 중력이론에 국한된 것은 아니지만 그 발전과 정당화를 위해서 매우 중요하다.

유질량이든 무질량이든 양자 중력의 궁극적 이론을 찾아나선 우리는 아주 높은 곡률 척도 그리고 플랑크 척도나 그 너머에서도 유효한 이론을 찾고 있다. 하지만 목표를 더 겸손하게 잡아서 플랑크 척도보다 한참 아래인 곡률 척도로 이를 제한한다면 중력을 양자역학적으로 다루는 데 문제가 없다. 우리는 이것을 중력의 양자 유효장 설명quantum effective field description of gravity이라고 부른다. 우리가 지금까지 논의를 진행하면서 중력의 고전적 설명과 양자적 설명을 구분하는 데 특별히 신경 쓰지 않았던 이유가 여기에 있다.

중력과 양자의 세계에 대해 우리가 현재 이해하고 있는 것만 양쪽에 놓고 봐도 중력이 빛처럼 양자적 성질을 가지고 있다고 주장할 수 있다. 이것은 일반상대성이론과 유질량 중력이론 모두에 해당하는 얘기다. 그 이유는 모든 것이 중력과 연결되고 결합되어 있기 때문이다. 전자처럼 우리가 알고 있는 가장 기본적인 입자도 마찬가지다. 전자의 양자적 성질에 대해서는 논란의 여지가 없다. 하지만 전자는 중력을 느끼고, 중력도 전자에 영향을 받는다. 이런 효과를 '역반응backreaction'이라고 한다. 전자가 정확히 어떻게 진화하는지 이해하고자 한다면 전자가 사는 시공간의 곡률에 대한 통찰이 필요하다. 하지만 이런 지식이 없어도 우리는 이런 전자의 존재가 시공간 곡률에 영향을 미친다는 것을 안다. 이런 면에서 볼 때 전자는 중력을 매개로 자기 자신에 역반응한다고 할 수 있다.

역반응은 고전물리학과 양자물리학 모두 어디에나 존재한다. 비행 중 360도 급선회를 경험한 적이 있다면 회전에서 벗어나 수평 비행 자세로 돌아올 때 덜컹거리는 느낌을 경험했을 것이다. 공중에서 덜컹거리는 바람에 걱정스러웠을 수도 있지만, 이런 상황에서는 덜컹거림이 오히려 좋은 신호다. 비행기가 공중에서 완벽하게 수평인 원을 그리며 처음 회전을 시작한 장소에서 빠져나왔다는 신호이기 때문이다. 비행기가 회전에 들어갈 때는 공기를 뒤흔들어 놓는데, 비행기가 회전에서 벗어나 다시 수평을 잡을 때 이 뒤흔들렸던 공기가 다시 비행기를 뒤흔드는 것이다. 바꿔 말하면 이 덜컹거림은 비행기의 역반응에 의해 일어난 것이다.

물론 전자는 소형 활공 비행기가 아니고, 중력은 공기 같은 매질이 아니다. 그럼에도 비슷한 개념을 적용할 수 있다. 전자는 빛과 중력을 매개로 해서 자기 자신에 영향을 미칠 수 있다. 하지만 전자도 양자적 성질을 가지고 있다. 우리 측정 장치가 아무리 정밀하더라도 전자의 위치와 운동량을 임의의 정확도로 측정할 수는 없다. 그리고 원자핵 주변을 돌 때 전자는 자기가 가고 싶은 곳에 마음대로 갈 수 없다. 이들은 양자 확률에 의해 정해진 규칙을 따른다. 만약 전자가 고전적인 계를 매개로 해서 자기 자신에 역반응할 수 있었다면, 우리는 임의의 정확도로 이 고전적인 계를 측정해서, 양자물리학에서 금지된 방식으로 전자의 위치와 운동량을 정확하게 추론할 수 있었을 것이다. 그럼 양자 확률 법칙은 그냥 무너져내린다. 이것은 단일성unitarity을 깨뜨리게 된다. 어떤 과정이 일어날 확률이 음수, 심지어 실수가 아닌 복소수 값이 나올 수 있다는 의미다. 일어날 확률이 100퍼센트를 넘는 과정도 생길 수 있다. 그럼 자연 그 자체와 실재의 구조를 비롯해서 모든 것이 아주 달라질 것이다. 양자 전자quantum electron의 단일성을 보존하려면 전자와 결합하는 중력, 빛 그리고 다른 모든 것이 반드시 동일한 양자 규칙을 따라야 한다. 이런 관점에서 보면 중력의 양자적 성질은 그저 가능성에 불과한 것이 아니라 절대적으로 필요한 것이 된다. 이것이 없다면 우리가 알고 있는 자연의 법칙이 무너져내릴 것이다. 이것은 일반상대성이론에서도 해당되며, 유질량 중력에서도 피할 수 없는 일이다.

　　　　　　　　　　　　　　　　　　　중력이라는 아름다움

입자에서 파동으로

파동의 고전적인 개념과 입자의 양자적 개념을 구분하는 것은 본질적으로 가족 문제였다. 처음 발견된 기본입자인 전자는 1897년에 조지프 존 톰슨에 의해 발견되었고, 이것으로 그는 1906년 노벨 물리학상을 수상했다. 당시 그의 아들 조지 패짓 톰슨George Paget Thomson은 10대 소년이었다. 전자의 입자적 특성을 발견한 공로에 주어지는 노벨상은 이미 아버지가 받아 갔기 때문에 아들 톰슨에게 남은 선택지는 전자의 파동적 특성을 입증하는 것밖에 없었다. 이 발견으로 그는 1937년에 노벨상을 수상했다(독립적으로 같은 발견을 한 물리학자 클린턴 데이비슨Clinton Davisson과 공동 수상). 당시 조지 톰슨은 임페리얼칼리지의 교수였고, 그의 초상화는 지금도 물리학과 출입구에 걸려 있다. 나는 그 건물에 들어갈 때마다 그 초상화를 보며 자연의 근본적인 파동-입자 이중성을 떠올린다.

톰슨과 데이비슨의 발견에 담긴 중심 개념은 전자가 회절될 수 있음을 보여주는 것이었다. 회절diffraction은 장애물이나 구멍을 만났을 때 파동이 휘는 현상이다. 물의 회절은 수로나 수영장에서 쉽게 관찰할 수 있으며, 빛(그리고 거의 분명히 글라이트도) 역시 파동의 형태에서는 동일한 특성을 보인다. 톰슨과 데이비슨의 혁신적 발견은 전자처럼 근본적인 존재도 입자와 파동으로 모두 작용하기 때문에 이중의 방식으로 설명될 수 있음을 입증해 보였다. 이 파동-입자 이중성은 1920년대에 제7대 드브로이 공작7th Duc de Broglie

루이 빅토르 피에르 레몽Louis Victor Pierre Raymond에 의해 제안된 바 있다. 다른 논문도 아니고 무려 박사학위 논문에서 제안된 이론이었다(이후 세대 박사학위 과정 학생들에게 압박감을 주려고 하는 소리는 아니다). 일찍이 1905년에는 빛을 대상으로 동일한 이중성을 아인슈타인이 예측한 바 있다. 이것은 막스 플랑크의 연구를 바탕으로 '광자light-quanta'라는 개념을 통해 이루어졌다. 아인슈타인은 이것을 통해 광전효과photoelectric effect를 설명했고, 이것을 바탕으로 그는 노벨상을 수상했다. 전자 역시 파동처럼 행동한다는 것을 증명함으로써 톰슨과 데이비슨은 입자가 양자역학의 규칙에 따라 파동 같은 특성을 나타낸다는 예측을 확인했다.

아인슈타인과 플랑크가 등장하기 전에는 빛이 전기장과 자기장이 파도처럼 요동치는 순수하게 고전적인 현상이라 믿었다. 플랑크는 복사하는 원자에서 나오는 이런 파동이 담고 있는 에너지는 임의의 값을 가질 수 없으며, 복사의 주파수에 의해 에너지가 결정되는 불연속적인 양quantity(양자)으로 양자화quantized되어 있어야 한다고 주저하듯 처음으로 제안했다. 플랑크의 관점에 따르면 빛의 흡수는 고전적인 현상인 반면, 빛의 방출은 양자화된 현상이었다. 아인슈타인은 광전효과를 양자적으로 성공적으로 설명함으로써 이 개념을 확장했다. 그는 이런 양자화된 에너지가 진공에서도 빛이 갖는 속성이라 주장했다. 따라서 주어진 주파수의 빛은 불연속적인 에너지 수준에서만 흡수되고 방출될 수 있다. 만약 455테라헤르츠(THz) 주파수의 붉은 빛을 방출하는 레이저를 갖고 있는 경우 이 빛을 흡수하면 정확히 0.3전자볼트나 그 2배 혹은 3배를 흡수할 수는 있으나 그 사이의 값으로는 절대 흡수할 수 없다. 말하자면 특정 양의 에너지를 얻기 위해서는 정확한 잔돈이 준비되어 있어야 한다는 뜻이다. 빛의 이 기본적인 양자를 그 후로 광자photon라 부르게 됐다. 우리의 일상생활 대부분에서는 태양에서 받는 빛을 파동 혹은 다른 색상이나 주파수를 갖는 파동들의 중첩이라 설명할 수 있다. 하지만 태양 내부의 원자핵 수준에서 이 빛이 어떻게 방출되는지 설명하려면 빛의 양자적 성질을 받아들일 수밖에 없으며, 여기서는 빛의 입자인 광자가 중요한 역할을 한다.

물론 빛의 양자적 성질을 근본적으로 이용하지 않고도 빛을 생성할 수 있는데, 이는 제임스 클러크 맥스웰도 잘 알고 있던 사실이다. 전하만 가속하면 고전적인 방식으로 빛을 생산할 수 있으며, 이것은 모든 송신기에서 일상적으로 활용되고 있는 현상이다. 우리가 모바일폰으로 받는 신호를 비롯해서 모든 무선 통신의 핵심 원리도 바로 이것이다. 이와 동일한 고전적 현상이 우리가 관찰한 글라이트의 생성도 담당한다. 글라이트는 서로의 궤도를 공전하는 중성자별과 블랙홀처럼 천문학적으로 거대한 질량이 가속할 때 발생한다. 처음으로 관측한 글라이트 광선을 통해 우리는 중력의 고전물리학적 측면, 특히 중력의 파동적 성질을 확실히 이해하게 됐다. 하지만 그 양자적 성질은 아직 확립되지 않았다.

파동-입자 이중성은 양자론에 내재되어 있으며, 빛, 전자 그리고 알려진 다른 모든 입자에 대해 철저히 검증되고 확립됐다. 하지만 단 하나의 예외가 있다. 중력자다. 전자기 현상과 중력, 전자기파와 중력파 사이에서 접했던 놀라운 유사성을 고려하면 과학자들이 중력 또한 양자 입자 수준의 기술이 가능함을 입증하는 것은 단지 시간 문제로 보일 수 있다. 광자가 빛과 연관된 입자인 것처럼 중력자는 글라이트와 연관되어야 하는 입자다. 일반상대성이론이든 유질량 중력이론이든 그 어떤 중력 모델에서도 중력자가 그 모델의 핵심에 자리 잡고 있어야 한다. 하지만 가장 단순하고 기본적인 저에너지 수준에서조차 중력의 양자적 성질을 탐구하려고 하면 기존의 탐구들이 오히려 누워서 떡 먹기였구나 싶을 것이다. 사실 우리의 궁극적인 여정에서 결승선은 아직 보이지도 않는다. 우리 목표는 양자 중력의 그림 중 어느 것이 궁극적으로 옳은지 밝혀내는 것이 아니다(옳은 것이 있기나 한지도 알 수 없다). 그보다는 이런 탐구를 할 때 반드시 포함해야 하는 것이 무엇인지, 그리고 그 과정에서 우리가 무엇을 배울 수 있는지 밝히는 것이 목표다.

궁극의 여정

따뜻한 햇살 속에서 일광욕을 하면 우리 피부는 태양으로부터 1초마다 제곱센티미터 당 10^{17}개의 광자를 받는다. 1초마다 우리 눈에 거의 10억 개의 10억 배나 되는 광자가 도달하는 셈이다! 빛의 양자적 성질을 입증하려면 이 무수히 많은 광자로부터 하나를 분리해 그 에너지가 주파수와 비례한다는 것을 보여줄 수 있어야 한다. 꽤 벅찬 일인 것 같다. 실제로 2020년에 들어서야 로잔연방공과대학교의 한 연구진이 단일 광자를 포착할 수 있는 메가픽셀 카메라를 개발할 수 있었다. 일부 개구리의 망막 세포는 광자 2개, 심지어 1개 수준에서 빛을 지각할 수 있다. 수백만 년의 진화가 그들의 망막세포를 이상적인 양자 감지기로 발전시켜 놓은 것이다.

하지만 단일 중력자를 검출하는 것은 훨씬 더 어려운 일이다. 중력은 전자기약력보다 1조 배의 100만 배나 약한 힘이기 때문이다. 중력이 이렇게 약한 이유를 이해하기 위해 플랑크 에너지 척도로 돌아가보자. 이것은 아이작 뉴턴의 결합상수coupling constant와 연관되어 있으며 중력 상호작용의 강도를 규정할 뿐 아니라 일반상대성이론이 실패할 수밖에 없는 지점도 드러낸다. 에너지 단위로 보면 플랑크 척도는 대략 100킬로와트시, 입자물리학 단위로는 10^{19}기가전자볼트 정도에 해당한다. 전자기약력의 경우 그에 상응하는 척도는 페르미 척도Fermin scale(이탈리아 물리학자 엔리코 페르미Enrico Fermi의 이름을 따서 명명), 혹은 전자기약력 척도electroweak scale이고, 이 값은 246기가전자볼트이다.[*]

이 각각의 척도는 17자릿수 넘게 차이가 나며(플랑크 척도는

---

[*]   이것이 현재 CERN의 대형강입자충돌기에서 진행되고 있듯이 이 에너지 척도 근처에서 입자충돌기를 이용해 입자물리학을 탐구하는 데 큰 관심이 몰리고 있는 이유다.

10^{19}기가전자볼트, 페르미 척도는 246기가전자볼트), 중력이 이렇게 훨씬 약한 이유를 이런 거대한 불일치로 설명할 수 있다. 표준의 빛을 생산하려면 전구에서 전자를 가속시키는 것으로 충분하다. 반면 중력의 강도는 너무 약하기 때문에 비슷한 진폭의 글라이트를 만들어내려면 항성이나 블랙홀처럼 천문학적인 물체들이 가속하면서 파국적인 사건을 통해 융합되어야 한다. 요즘의 물리학 학부생들은 누구든 실험실 실습의 일환으로 빛의 양자적 성질을 실험해볼 기회를 얻을 수 있다. 하지만 안타깝게도 학부생들에게 중성자별이 구비된 실험실을 차려주려면 비용도 문제지만, 안정성 평가를 통과할 수 있을지도 심히 의심스럽다. 따라서 가까운 시일 안에 중력의 양자적 성질을 탐구하는 실험이 물리학부 학사 과정에 포함될 가능성은 없어 보인다. 지난 세기의 위대한 과학자들 다수가 어떻게 하면 개별 중력자를 감지할 수 있을까 고민해보았지만 오늘날까지도 명확한 답은 나오지 않았다. 지금까지 제안된 사고실험 중에는 프리먼 다이슨Freeman Dyson의 2012년 푸앵카레상 강연이 가장 발전된 아이디어를 담고 있다.[23]

현재 우리가 지구에서 탐지할 수 있는 중력파의 전형적인 진폭은 10^{-20} 정도이다. 이것은 진공 터널 안에서 4킬로미터 떨어져 위치한 2개의 거울이 4×10^{-20}킬로미터, 혹은 4×10^{-17}미터의 거리만큼 움직인다는 의미로, 이는 양성자 크기의 100분의 1 정도다. 100헤르츠 정도의 주파수에서 LIGO에 탐지되는 중력파에는 적어도 10^{40}개 단위의 중력자가 들어 있다. 이것은 태양으로부터 받는 광자보다 훨씬 많은 양이다! 하지만 이 경우는 더 많다는 것이 더 좋다는 의미가 전혀 아니다. 그렇게 많은 중력자가 쏟아지면 그중 하나를 분리해내기가 훨씬 어려워진다. 10^{40}개의 중력자가 2개의 거울을 양성자 크기의 100분의 1만큼 움직일 수 있다면, 동일 주파수 단일 중력자의 진폭은 기껏해야 그보다 40자릿수나 약하다는 의미가 된다. 즉, 4킬로미터 떨어져 있는 거울이 10^{-57}미터 움직인다는 소리다. 이것은 근본적인 플랑크 거리 척도보다도 한참 아래다. 이런 수준의 정밀도를 달성하는 것은 단순히 기술적으로 어려운 것을 떠나서 근본적으로 불가능하다. 하이젠베르크의 불확정성 원리를 위반하기 때문이다.

이는 LIGO, VIRGO, KARGA 혹은 지구에 설치된 다른 중력파 간섭계를 이용해서 단일 중력자를 탐지하기가 거의 불가능함을 시사한다. 그렇다면 탐지 장치를 우주로 보내면 어떨까? 열린 마음으로 생각해보면 팔 길이가 우주 자체만큼이나 긴 중력파 간섭계를 상상할 수 있다(내가 이론물리학자임을 기억해주길). 안타깝게도 이것 역시 도움이 되지 않는다. 간섭계는 자신의 팔 길이만큼의 파장을 갖는 글라이트에 제일 민감하게 반응한다. 따라서 탐지기의 팔 길이가 길수록 우리가 관찰하는 중력파의 파장이 넓어지고, 그러면 각각의 중력자가 갖고 있는 신호와 에너지는 더 약해지고 작아진다. 따라서 중력파 간섭계가 크든 작든, 단일 중력자의 효과가 근본적인 플랑크 거리 척도보다 크게 나올 수 있는 중력파 간섭계를 상상하기는 불가능해 보인다.

우리의 마지막 여정은 분명 출발부터 삐끗했다. 혹시 우리가 잘 못된 방향으로 나간 것일까? 다른 방법이 있었나? 아인슈타인이 처음으로 알아차렸듯이 빛의 양자적 성질은 원자를 탐지기로 사용하여 광전효과를 관찰함으로써 더 쉽게 입증해 보일 수 있다. 원자핵을 도는 전자는 정해진 양자 궤도를 반드시 준수해야 하며, 특정 에너지 양자를 흡수할 때만, 예를 들면 그 특정 에너지를 가지고 있는 광자를 흡수할 때만 한 궤도 위로 뛰어올라갈 수 있다. 원자에 빛을 비출 때 빛의 주파수가 너무 낮은 경우에는 전자가 절대로 그 빛의 양자를 흡수해서 위로 뛰어오를 수 없을 것이다. 그 빛의 세기가 아무리 강해도, 즉 광자의 수가 아무리 많아도 말이다. 문을 열려면 맞는 열쇠가 필요하듯이, 전자를 다른 궤도로 이동시키려고 할 때도 적절한 주파수의 빛이 필요하다.

이론적으로는 글라이트로도 비슷한 메커니즘을 고안할 수 있다. 그냥 원자에 글라이트를 비추어 올바른 주파수의 글라이트를 사용했을 때만 전자가 한 궤도 뛰어오를 수 있음을 보여주기만 하면 된다. 이론적으로는 간단하다. 하지만 충분한 강도의 글라이트를 생산하려면 2개의 항성이나 블랙홀이 융합되는 등의 천문학적 사건이 필요하다. 이것은 실험실에서 시도해볼 수 있는 성질의 것이 아니다. 그리고 소중한 원자를 거대한 천문학적 충돌 사건이 일어나고 있는 곳 근처로 가져가서 전자가 궤도를 뛰어오르고 싶어 하는지 확인하는 것도 현실성이 없어 보인다. 대신 그냥 집에 머물면서 태양으로부터 오는 글라이트를 이용할 수도 있을 것이다. 태양

중력이라는 아름다움

플라스마 안에 있는 전자와 이온들이 충돌하면서 열 글라이트 복사thermal glight radiation 스펙트럼을 만들어내기 때문이다. 안타깝지만 이 글라이트의 흐름에는 중성미자와 빛이 함께 따라온다. 그래서 글라이트가 그 안에 완전히 파묻혀버릴 것이다. 원자나 탐지 장치를 차폐벽으로 차단해서 중성미자와 빛 복사는 차단하고 글라이트만 통과할 수 있게 만들어볼 수도 있다. 이론적으로는 가능할지도 모르지만 현재 알려진 물질로 차폐벽을 만들려면 엄청나게 거대해야 한다. 자체의 중력 때문에 블랙홀로 스스로 붕괴해버릴 정도다. 우리의 위태로운 여정이 안고 있는 또 하나의 직업적 위험요소라 할 수 있다. 안타깝게도 다이슨이 지적했듯이 이것은 우리가 어쩌다 우연히 살게 된 우주가 안고 있는 다소 불쾌한 부작용이다. 이것으로 단일 중력자의 탐지가 불가능함이 입증된 것은 아니지만, 천문학적으로 어려우리라는 점은 분명하다. 어쩌면 앞으로 몇 백 년, 몇천 년이 지나 암흑물질을 비롯한 다른 영역의 물질에 대해 이해하고 완벽히 통달하게 되면 새로운 가능성이 열릴지도 모르겠다. 그럼 빛 또는 다른 평범한 입자에 압도당하지 않고 원자에 글라이트를 비춰줄 수 있을지도 모른다. 하지만 그때가 오기 전까지는 이런 가능성이 완전히 SF의 영역에 머물게 될 것이다.

　중력자를 찾기 위해 더 시도해볼 만한 것이 남아 있나 궁금해질 수 있다. 너무도 단순하고 순진한 얘기이겠지만, 그 대답은 하늘 전체를 탐지 장치로 사용하는 것일지도 모른다. 그리고 더 황당한 얘기로 들리겠지만, 양자 수준에서 시공간의 구조를 탐사하려면 빅뱅에서 양자 중력으로부터 등장했을 것이 거의 확실하다고 알고 있는 그 한 가지, 즉 우리의 우주 전체보다 더 좋은 것이 뭐가 있겠는가?

시공간 곡률 속에서 발생하는 미세한 양자요동은 우주 전체에 걸쳐서 지속적으로 일어나고 있는 것으로 믿어진다. 이런 요동은 너무 작고 미미해서 그것을 관찰할 가능성은 없다. 최소한 우리 눈앞에서 생성되고 사라지는 모습을 볼 수는 없을 것이다. 하지만 4장에서 논의했듯이 대부분의 우주론학자는 10^{-33}초 생일을 축하할 무렵에 우주가 급팽창, 즉 극단적으로 빨리 가속되는 팽창을 겪었다고 믿는다.[*] 이 초급속 팽창 기간 동안에는 양자요동이 거의 즉각적으로 우주적 규모로 확장되었다. 초기의 우주 가속 팽창이 확대경처럼 작용해서 최소 크기의 양자요동을 우주론적 척도로 확장시켜 놓았다. 완전히 미친 소리로 들릴 수도 있지만, 하늘을 올려다보면 이런 양자요동을 관찰할 수 있다. 우리는 이제 마지막 산란last scattering(우주가 충분히 냉각되어 전자와 원자핵이 결합해 중성 원자를 형성하면서 우주가 투명해져 빛이 더 이상 전자에 산란되지 않고 자유롭게 여행할 수 있게 된 시점—옮긴이) 시점으로부터 우리에게 도달한 빛에 이런 요동이 새겨져 있음을 확인했다.

---

[*] 급팽창이론의 대안으로 다른 모델들도 제시되었고, 다른 메커니즘이 작용하여 곡률에서 나타난 작은 양자요동을 우주적 규모로 확장시켰을 가능성도 있다. 하지만 이 모델들 모두 이 요동의 양자적 성질과 기원에 대해서는 의견이 일치한다. 급팽창의 대안 모델에서는 탐지 가능한 텐서tensor 요동이 없을 수 있고, 따라서 중력의 양자적 성질을 완전히 똑같은 방식으로 증명하는 것이 불가능할 수도 있다.

이런 관찰을 이용하면 초기 우주의 곡률 변동이 안고 있는 양자적 성질을 탐구할 수 있다. 하지만 전자의 양자적 성질이 중력이 양자일 필요성은 말해주지만 중력이 양자임을 증명하지는 않듯이, 이것은 당시 우리 시공간이 양자적 성질의 입자를 포함하고 있었음을 증명할 뿐이다. 시공간 혹은 중력 자체가 양자적 성질을 갖고 있음을 증명하기 위해서는 우주가 시작할 때도 작은 양자 중력 요동이 생겨나고 사라지고 있었음을 증명해야 한다. 그렇다면 이 중력 요동 혹은 텐서 요동 역시 우주적 규모로 확장되었고, 마지막 산란 시기로부터 우리에게 도달한 빛에 자신의 흔적을 새겨놓았을 것이다. 글라이트는 두 가지 편광이 혼합된 상태로 올 수 있기 때문에 빛에 특정하게 편광된 흔적을 남겼을 것이다.

인류는 여러 장비를 통해 이미 이것을 찾고 있다. 어떤 것은 편광계polarimeter(빛의 편광을 측정하기 위해 설계된 장비)를 사용한다. 이 편광계는 남극에서 발사된 풍선에 탑재되어 대기권 상층부를 떠다니며 넓은 하늘을 방해 없이 관찰한다. 남극이나 칠레 아타카마 사막처럼 외진 곳에 설치된 망원경을 이용하기도 한다. 이런 장비들은 모두 우주배경복사로부터 도달하는 원시 빛의 편광을 예민하게 탐지하도록 특별히 설계되었다. 만약 여기서 특정한 통계적 분포를 가진 심상치 않은 편광 패턴이 탐지된다면 이것은 우주의 아주 초기에 발생한 중력의 양자요동이 하늘에 새겨져 있으며, 중력이 실제로 가장 근본적인 수준에서는 양자적 현상이라는 신호일 수 있다.

지금까지는 이런 관찰을 성공적으로 확인해준 실험이 없었지만, 이 사냥은 이제 막 시작되었을 뿐이다. 앞으로 10년, 20년 후에는 지구를 기반으로 한 실험 그리고 가능하다면 우주를 기반으로 한 실험을 통해 마지막 산란으로부터 우리에게 도달한 빛의 편광을 점점 더 높은 정확도로, 더 넓은 하늘에 걸쳐 증명할 수 있을 것이다. 그리고 이를 통해 중력의 양자요동이 실제로 하늘에 새겨져 있음을 확인할 수도 있을 것이다.

하지만 빛의 편광에서 원시 중력파의 흔적이 관측되지 않더라도 모든 가능성이 사라지는 것은 아니다. 원시 글라이트는 약 138억 년 전에 만들어진 이후로 우주를 가로질러 이동해왔으며, 가까운 미래에 이중 일부를 포착할 수 있을지도 모른다. LISA 같은 미래의 우주 기반 미션 덕분에 그리고 PTA 같은 미션 덕분에 초기 우주의 양자요동에서 만들어져 우주 그 자체에 의해 관측 가능한 규모로 확대된 글라이트의 가장 오래된 불빛을 관찰할 수 있을지도 모른다. 이 원시 글라이트의 불빛은 하늘의 모든 방향에서 날아올 것이며, 충분히 낮은 주파수와 정확한 통계적 특성을 통해 이것이 우주의 아주 초기 단계에 생성되었음을 말해줄 것이다.

양자요동에 의해 결정되는 것과 일치하는 스펙트럼을 갖는 원시 글라이트가 탐지된다면 이것은 우리 우주가 초기 상태였을 때의 모습을 들여다볼 새로운 창을 열어줄 뿐 아니라 중력과 시공간의 구조 자체가 근본적으로 양자적 성질을 갖고 있음을 말해주는 신호가 될 것이다. 이것이 중력자의 존재를 입증할 길을 열어줄 것이다. 이런 방향으로 계속 관찰해 나간다면 결국 중력자가 질량이 있는지 없는지도 밝혀낼 수 있을 것이다. 더 나아가 시간과 공간의 의미에 대해서 그리고 잠재적으로는 우주의 기원에 대해서 추가적인 힌트를 제공해줄 것이다.

그러니 낮이든 밤이든 하늘을 올려다볼 때는 그 하늘에 양자 글라이트 발자국이 새겨져 있을 가능성이 있다는 점을 생각해보자. 138억 년 전에 쓰인 메시지가 우주의 가장 심오한 비밀을 숨긴 채 우리 머리 위에서 그 비밀을 해독해줄 날을 기다리고 있다.

결론

중력의 창조물

중력은 우리 주변 어디에나 존재하지만 우리는 각자 저마다의 방식으로 중력을 경험하고 이해한다. 어떤 사람은 높은 벼랑 끝에 서서 아래를 내려다보며 중력의 존재감을 강하게 느끼고, 어떤 사람은 어두운 밤하늘에서 항성과 행성 들이 말없이 고요하고 우아하게 돌아가는 모습을 보며 중력의 장엄함을 느낀다. 또 어떤 사람은 우주왕복선 발사 장면을 통해 지구의 중력에서 벗어나는 데 얼마나 많은 힘이 들어가는지 지켜보며 중력의 집요함을 이해한다. 나에게 중력을 좇는 일은 중력을 가지고 놀기 위한 것이었든 단순히 중력을 이해하기 위한 것이었든, 내 인생에 커다란 영향을 미쳤다.

이 책과 함께한 여정에서 우리는 중력의 다양한 측면을 탐험해보았다. 우리는 즉각적으로 작용하는 보편적인 힘이라는 뉴턴의 중력 개념이 아인슈타인에 의해 시공간 곡률의 개념으로 바뀌는 것을 목격했다. 이런 변화는 결국 불가피하게 탱고로 이어지게 된다. 그러니까 자유낙하하는 천체들은 직선 경로로 나아가더라도 곡률의 존재 때문에 필연적으로 나선을 그리며 우아한 탱고를 추게 된다는 말이다. 우리는 시공간 구조 안에 중력의 근본적인 힘이 숨어 있음을 발견했다. 이 힘은 아인슈타인의 일반상대성이론의 구조 안에 내재되어 있다. 이 중력의 힘은 일상에서는 알아차리기 힘들지만 중력파 관측소 덕분에 감지된 조석력을 통해 그 존재를 드러낸다. 하지만 블랙홀에 들어가면 이 조석력이 우리를 짓누르는 동시에 찢어버릴 것이다.

일반상대성이론은 한 세기 동안 놀라운 성공을 거두었다. 만약 이 일반상대성이론과 결별하려는 모델이 있다면 내가 제일 먼저 나서서 거기에 의문을 제기할 것이다. 설령 그것이 거대한 우주론적 척도에서 제안된 것이라도 말이다. 하지만 유질량 중력이론은 구체적인 대안을 제시함으로써 우주후기가속late-time acceleration of the Universe의 이유를 이해하고, 진공에너지의 양자 바다quantum sea에 의해 우주가 1센티미터도 안 되는 크기로 말려 들어가지 않는 이유를 설명하는 데 도움이 될 수 있다. 우리는 여정을 계속 이어가고 있지만, 중력에 대한 더욱 근본적인 이해를 구하기까지는 갈 길이 여전히 멀고, 영원히 도달하지 못할 수도 있다는 점을 부정할 수는 없다. 결국 내가 여기에 기여하는 부분은 아마도 극히 미미한 수준에 그치겠지만 그것이 과학에 참여하는 이유는 아니다. 기여 하나하나는 성공적이지 못하거나 처음부터 실패할 수밖에 없는 운명이었다. 설령 기여한다 하더라도 퍼즐의 작은 조각 하나를 밝히는 데 도움을 줄 뿐이다. 일반상대성이론은 감히 견줄 수 없는 큰 성공을 거두었지만, 내가 살아 있는 동안 중력과 관련해서 중요한 돌파구가 생기거나 일반상대성이론과의 결별이 이루어지지 않는다면 그것이 오히려 놀라운 일이 될 것이다. 그 결과는 시간이, 아니면 중력 그 자체가 말해줄 것이다.

중력의 심연으로 파고들다 보면 우리는 결국 중력이 우리의 본질과 우리의 진화 방식에 얼마나 큰 영향을 미쳤는지 이해하게 된다. 여기서 말하는 '우리'는 가장 기본적인 입자를 지칭할 수도 있고, 과거, 현재, 미래의 인간 문명일 수도 있고, 우주 전체일 수도 있고, 다중우주multiverse에 걸쳐 있는 실재의 구조일 수도 있다. 하지만 이 환상적인 여정에서 돌아올 때면 나는 종종 이런 생각이 들곤 한다. 저 너머의 수수께끼를 풀기 위해 발버둥칠 게 아니라, 현실이라는 땅에 발을 단단히 딛고, 지금 이곳 지구에서의 삶을 개선하는 데 초점을 맞추어야 하는 게 아닐까 하는 생각 말이다. 물론 우리는 우리와 지구의 생존을 위협하는 시급한 문제에 주의를 기울여야 한다. 하지만 우리 종이 지난 수천 년간 이룩한 발전과 과학이 해결해온 수많은 문제는 당장 눈앞에 보이는 것을 넘어 미지의 세계를 탐험하려는 호기심과 따로 분리해서 생각할 수 없다. 당장 급한 문제에서 한 걸음 물러나 지식의 경계를 미지의 영역으로 확장하고, 우리가 가지고 있는지조차 몰랐던 문제에 대한 해결책을 찾아내는 그 힘 말이다.

자신의 연구나 발견을 설명하는 이론물리학자들은 긴급하고 심각한 위기들이 쌓여 있는 상황에서 우리 연구가 실질적인 도움이 되느냐는 질문을 자주 받는다. 이런 질문을 받으면 우리는 보통 기존의 발견이 소비자들에게 제공되는 제품에 실시간으로 어떤 영향을 미쳤는지 지적하며 자기 연구의 가치를 너무 서둘러 입증하려는 경향이 있다. 나 자신도 기초물리학 연구의 기술적 응용은 언제나 오랜 시간이 지난 후에야 실현된다는 점을 매우 자주 강조하곤 한다. 예를 들어 나는 GPS는 일반상대성이론 덕분에 가능해진 기술이지만, 그것을 응용하는 데는 과학적 돌파구가 마련된 뒤로도 반세기가 넘게 걸렸음을 지적한다. 혹은 연구를 발전시키기 위해 개발된 기술들이 다른 사회 영역으로 이전되어 다양하게 활용되고 있다는 점을 들기도 한다. CERN에서 발명된 월드와이드웹 World Wide Web이 그런 사례다. 과거의 연구들이 가져다준 혜택 없이 살아가는 현재의 삶은 상상하기도 힘들다. 이런 연구 중에는 당장에는 아무런 실용적 용도가 없어 보이는 것이 많았다.

현대의 중력 연구와 관련해서 더 열린 마음을 가진 선각자 유형의 연구자들은 예를 들어 내가 하는 중력 연구가 새로운 외계 행성을 찾는 데 도움이 될지 그리고 그것이 외계 생명체에 대한 근본적인 탐구의 원동력이 될 수 있을지 묻곤 한다. 중력파에 대한 일부 연구에서 그런 가능성이 제기됐기 때문이다. 하지만 진짜 물어야 할 것은 따로 있다. 여기서 멈춰야 할 이유가 무엇인가? 외계 행성 발견과 외계 생명체 탐사는 현재 진행 중인 가장 흥미로운 과학적 도전 중 하나임이 분명하다. 하지만 중력을 더욱 잘 이해하면 새로운 우주, 새로운 차원의 공간, 심지어 암흑물질과 암흑에너지 외에 새로운 암흑의 존재를 찾을 길이 열릴 수도 있다. 그리고 이중에는 완전히 새로운 종과 문명이 우리 바로 옆에서 나란히 공존하는 터전이 있을 수도 있다. 누가 알겠는가? 이런 발견이 이루어진다면 우주 속에서 우리의 위치를 재정의할 뿐 아니라, 실재의 구조 안에서 우리의 관측 가능한 우주가 자치하는 위치도 새로이 바라보게 될 것이다. 내가 보기에 이것만큼 심오하고 근본적인 탐구는 없다. 하나의 사회로서 우리가 달성하고자 하는 것이 무엇이든, 자연을 가장 근본적인 수준에서 이해하는 것이야말로 미래의 문제를 해결할 도구와 기술로 무장할 최선의 방법이다.

하지만 이런 실용적인 응용 가능성을 가지고 기초 연구를 합리화하는 방식은 이런 유형의 연구가 갖고 있는 의미에서 중요한 요소를 놓치는 것이다. 실용적 응용이 그 자체로 유토피아적인 경우라고 해도 말이다. 당신이 여기까지 중력에 대한 우리의 탐구를 함께 따라왔다면, 중력을 이해하는 것이 직접적인 기술적·사업적 활용에 관한 것이 아니며, 우리의 연구를 현재나 미래에 응용하기 위한 것도 아니라고 내가 굳이 설득할 필요가 없을 것이다. 여기서 중요한 것은 우리 일상의 모든 측면에 스며들어 우주 전체의 진화와 운명을 결정하는 이 놀라운 현상을 이해하는 것이다. 우리가 중력을 좇는 이유는 바로 우리가 중력의 창조물이기 때문이다. 걷든, 다이빙을 하든, 하늘을 날든, 우주비행사가 되어 우주를 탐험하든, 숫구치고 떨어질 때, 성공하고 실패할 때 모두 우리는 중력에 의해 정의된 우주에서 살고 있다. 그리고 한 명의 과학자로서 나는 영원히 그 비밀을 찾아나설 것이다.

참고 문헌

1. "For Mr Bently at the Palace in Worcester A 4th Lett. from Mr Newton [February 25, 1692]." 189.R.4.47, ff. 7–8, Trinity College Library, Cambridge, United Kingdom. In *The Newton Project*, AHRC Newton Papers Project, edited by Rob Iliffe and Scott Mandelbrote, University of Oxford, October 2007. https://www.newtonproject.ox.ac.uk/view/texts/normalized/THEM00258.

2. Maxwell, James Clerk. "VIII. A Dynamical Theory of the Electromagnetic Field." *Philosophical Transactions of the Royal Society of London* 155 (December 1865): 459–512. https://doi.org/10.1098/rstl.1865.0008.

3. Agazie, Gabriella, et al. "The NANOGrav 15 yr Data Set: Observations and Timing of 68 Millisecond Pulsars." *The Astrophysical Journal Letters* 951, no. 1 (June 29, 2023). https://iopscience.iop.org/article/10.3847/2041-8213/acda9a.

4. Einstein, Albert. "Aphorisms for Leo Baeck." In *Ideas and Opinions*, translated by Sonja Bargmann, 27–28. New York: Bonanza, 1954.

5. Einstein, A., B. Podolsky, and N. Rosen. "Can Quantum-Mechanical Description of Physical Reality Be Considered Complete?" *Physical Review* 47, no. 10(May 1935): 777–780. https://doi.org/10.1103/PhysRev.47.777.

6. Einstein, A., and N. Rosen. "The Particle Problem in the General Theory of Relativity." *Physical Review* 48, no. 1 (July 1935): 73–77. https://doi.org/10.1103/PhysRev.48.73.

7. Weinstein, Galina. "Einstein and Gravitational Waves 1936–938." arXiv, February 15, 2016. https://doi.org/10.48550/arXiv.1602.04674.

8. Einstein, A., and N. Rosen. "On Gravitational Waves." *Journal of the Franklin*

Institute 223, no. 1 (January 1937): 43–54. https://doi.org/10.1016/S0016-0032(37)90583-0.

9. Einstein, Albert. "On a Stationary System with Spherical Symmetry Consisting of Many Gravitating Masses." *Annals of Mathematics*, 2nd ser., 40, no. 4 (October 1939): 922–936. https://doi.org/10.2307/1968902.

10. Penrose, Roger. "Gravitational Collapse and Space-time Singularities." *Physical Review* Letters 14, no. 3 (1965): 57. doi:10.1103/PhysRevLett.14.57.

11. Hawking, Stephen. "The Occurrence of Singularities in Cosmology." *Proceedings of the Royal Society of London* A 294, no. 1439 (1966): 511–521. https://doi.org/10.1098/rspa.1966.0221.

12. Penrose, Roger. "Gravitational Collapse: The Role of General Relativity." *Rivista del Nuovo Cimento* 1 (1969): 252–276. doi:10.1023/A:1016578408204.

13. Hawking, Stephen, and Roger Penrose. "The Singularities of Gravitational Collapse and Cosmology." *Proceedings of the Royal Society of London* A 314, no. 1519(1970): 529–548. https://doi.org/10.1098/rspa.1970.0021.

14. Lodge, Oliver. "XXXIX. The Density of the Æther." *London, Edinburgh, and Dublin Philosophical Magazine and Journal of Science*, 6th ser., 13, no. 76 (April 1907): 488–506.

15. Kragh, Helge. "Walther Nernst: Grandfather of Dark Energy?" *Astronomy and Geophysics* 53, no. 1 (February 2012): 1.24–1.26. https://doi.org/10.1111/j.1468-4004.2012.53124.x.

16. Lenz, Wilhelm. "Das Gleichgewicht von Materie und Strahlung in Einsteins geschlossener Welt." *Physikalishe Zeitschrift* 27 (1926): 642–645.

17. Enz, Charles P. *No Time to Be Brief: A Scientific Biography of Wolfgang Pauli.* Oxford: Oxford University Press, 2002.

18. Enz, C. P., and A. Thellung. "Nullpunktsenergie und Anordnung nicht vertauschbarer Faktoren im Hamiltonoperator." *Helvetica Physica Acta* 33 (1960): 839–848.

19. Fierz, Markus, and Wolfgang Ernst Pauli. "On Relativistic Wave Equations for Particles of Arbitrary Spin in an Electromagnetic Field." *Proceedings of the Royal Society of London* A 173 (November 1939): 211–232. https://doi.org/10.1098/rspa.1939.0140.

20. de Rham, Claudia, and Gregory Gabadadze. "Selftuned Massive Spin-2." *Physics Letters* B 693 (June 2010): 334–338. https://doi.org/10.1016/j.physletb.2010.08.043.

21. de Rham, Claudia, and Gregory Gabadadze. "Generalization of the Fierz–Pauli Action." *Physical Review* D 82 (2010): 044020. https://10.1103/PhysRevD.82.044020.

22. de Rham, Claudia, Gregory Gabadadze, and Andrew J. Tolley. "Resummation of Massive Gravity." *Physical Review Letters* 106, no. 23 (June 2011): 231101. https://doi.org/10.1103/PhysRevLett.106.231101.

23. Dyson, Freeman. "Is a Graviton Detectable?" Poincaré Prize Lecture, International Congress of Mathematical Physics, Aalborg, Denmark, August 6, 2012. https://publications.ias.edu/sites/default/files/poincare2012.pdf.

The Beauty
of Falling

중력이라는 아름다움

초판 1쇄 인쇄 | 2026년 4월 2일
초판 1쇄 발행 | 2026년 4월 13일

지은이 | 클라우디아 드 람
옮긴이 | 김성훈

발행인 | 박효상
편집장 | 김현
기획 | 이한경
편집·진행 | 김지희

교정·교열 | 정일웅
디자인 | 송은비

마케팅 | 이태호, 이전희
관리 | 김태옥

종이 | 월드페이퍼   인쇄·제본 | 예림인쇄·바인딩

발행처 | 사람in   출판등록 | 제10-1835호

주소 | 04034 서울시 마포구 양화로 11길 14-10 (서교동) 3F
전화 | 02) 338-3555(代)   팩스 | 02) 338-3545
E-mail | saramin@netsgo.com   Website | www.saramin.com
인스타그램 | www.instagram.com/saramin_books   블로그 | blog.naver.com/saramcom

ISBN | 979-11-7101-240-4 03420